JN197562

伊勢角屋麦酒社長
鈴木成宗
Narihiro Suzuki

世界一のビールを野生酵母でつくる

発酵野郎！

新潮社

はじめに

鏡のように磨かれたタンクに、そっと耳をつける。
わが子のように育ててきた酵母の息づかいに耳を澄ませる。
大丈夫だ。「声」が聞こえる。

伊勢市の中心部から車で10分ほど離れた工業団地の一角にそのビール工場はある。麦芽やホップの香りがほのかに漂う空間で、私はほぼ毎日、酵母との対話を繰り返す。

１９９７（平成９）年、酵母好きだというだけの私が製造を始めたクラフトビール「伊勢(いせ)角屋麦酒(かどやビール)」は、今では毎年のように世界的なビール品評会で賞を受賞するようになった。ここ数年でブランドも全国に浸透し、おかげさまで注文も急増。需要に生産が追いつかなくなった。ついに２０１８年７月には、ここ伊勢市下野(しもの)町に新工場を構えた。クラフトビールメーカーとして日本最大の製造量を狙えるよう、新工場には充分な空きスペースも準備した。

私は伊勢の餅屋の21代目だ。お伊勢参りの参拝客にきなこ餅を振る舞う茶店として１５７５（天正３）年から商いをしている。この年、伊勢から１００キロほど北東では織田信長と徳川家康が武田勝頼と合戦をしていた。長篠（ながしの）の戦いである。自分で言うのもおこがましいが超老舗だ。もちろん今も餅屋は繁盛しているし、母からは今でも「あなたの本業は餅屋です」と口を酸っぱくしていわれている。

今では川船は姿を消し、店をはさんで反対側の道路では車が行き交うが、古い木造の店のたたずまいは当時を彷彿とさせるようだ。「（創業時の）戦国時代にタイムスリップしたような気持ちになる」とおっしゃるお客さんも少なくない。家業として味噌・醤油事業も続けており、最近では珍しくなった１００年ものの樽を使って、昔ながらの醸造方法による味が自慢だ。

小さいころから店の跡継ぎであることを強く意識し、「ほかの何かをするのは許されない」と思っていた私は、東北大学農学部を卒業するや、実家に戻り、毎朝餅にきな粉をまぶしていた。それがいつのまにか、麦汁に酵母を混ぜるようになり、「うおー！　酵母達の声が聞こえるぜ！」と人けのない早朝の工場で叫んでいるのである。人生はわからない。

私は、94年に酒税法改正でビールの製造免許取得の要件が緩和されたのを契機に、調査を始め、97年にビール事業に参入した。自前でビールをつくること自体が考えられなかった時代だ。「夏餅は犬も食わん」と言われるほど夏場の餅は売れ行きが落ちるため、新しい事業を模索していた、とメディアなどにはビール事業に乗り出した理由をもっともらしく語ってきたが、それはあくまでも建前だ。

正直、会社の経営などほとんど頭になかった。大学で微生物研究に寝食を忘れ、没頭していたのだが、家業を継いでも、その楽しさが忘れられず、「ビールをつくれば、酵母という微生物とまた遊べる！」と不純な動機で始めたに過ぎない。大学卒業時に一度は葬り去ったはずの酵母愛は私の中でむくむく膨らみ、抑えられなくなったのだ。「そんなノリで始めて、事業がよくうまくいきましたね」と思われるかもしれない。

その通りだ。まったくもってうまくいかなかった。大学時代に微生物研究以上に没頭したかもしれない空手部で学んだ「やってみれば世の中なんとかなる」精神で始めて、痛い目に死ぬほどあった。それが現実だ。「空手部の練習に血尿を出しながらも耐えたのだから、根性でなんとかなる！」と心底信じていたが、残念ながら血尿はどうにかなっても、なんともならないものもあることを30歳を過ぎて知った。

クラフトビールには明確な定義はない。一般的に規模の小さな醸造所（ブルワリー）がつくる個性的なビールがそう呼ばれている。かつては「地ビール」と呼ばれたが、大手メーカーも参入してきたことや、職人らがこだわってつくるという意味も込めて「クラフトビール」の呼び名が定着しつつあるのだ。

日本のビール市場では、大手が得意としてきたのどごしの良さが特徴の「ラガー」が主流だったが、小規模醸造所が全国に広がったことで、風味や香りを重視する「エール」を中心に多くの種類のビールが親しまれるようになってきた。すでに世界では100以上のビールのスタイルがあり、毎年、新たなビールが生まれている。長年、海外のコンテストで審査員を務めている私でも全てを把握できないほどだ。

このように、ビールの種類は多様だが、「ビールは生きもの」が私の持論だ。「いや、ビールは飲み物でしょ」と反論されそうだが、ビールは数千、数億の微生物の力によって生み出される。私たちは生きものを飲んでいるのだ。このことを肝に銘じれば、ビールを一気飲みしたり、飲みすぎて吐くような愚行も世の中からなくなる、とそんなことも思う。ビール大国であり、ビールをこよなく愛するドイツのビールの祭典「オクトーバーフェスト」では、開催期間は毎日数万人が盛大に酔っぱらうが、会場で酔いつぶれた人を見たためしがほとんどない。

ビールが生きものであることはビールの製造工程をみれば明らかだ。詳細は後述するが、ビールの製造工程を簡単に説明すればこうなる。

①　仕込み釜に麦芽とお湯を入れ、麦汁を作る。
②　麦汁にホップを加え煮沸（しゃふつ）し、苦みを出す。
③　酵母を投入して、寝かせ、全体をなじませる。

どんなホップと麦芽を使い、どの酵母を組み合わせるか。そしてそれをどう仕込むか。ここが醸造家（ブルワー）の腕のみせどころだ。ホップの量やタイミングで香りや苦みが変わるし、発酵のさせ方で味も変化する。麦汁を発酵タンクに送っても、しっかりと酵母が呼吸音を立てるまで、安心はできない。必ずしも発酵が始まるかはわからないので、不安定なときは発酵タンクに耳を傾けてきた。新工場ではタンクが大きすぎてできなくなったが、彼らの息づかいの聞き分けもブルワーの大きな仕事のひとつだ。

ビールの製造工程はオートメーション化が進む。温度調整や工程管理をコンピューターで制御しているが、おもしろいことに、同じ条件でも同じものはできない。科学的なアプローチは欠かせないが、同時にビールは自然の原料や生きものを相手にしたモノづくりであり、日々の繰り返しをノウハウとして蓄積するしかない。

最近は、酵母愛をあらゆるところで喧伝しているせいか、ビール業界の関係者にも、「なんでそんなに酵母に熱心なんですか」と聞かれる。私に言わせれば、なんで面白いと思わないんですか、酵母を採取しないんですかと聞きたい。登山家がそこに山があるから山に登っているように、醸造家の私はこの地球に酵母があるから、拾ってきて慈しむのだ。多様なんていう言葉では足りない世界だ。面白いビールを生み出してくれる酵母と劇的な出会いがあるかもしれない、とはいえそんなことを考えると、今でも時おり仕事も何もかも放り出して酵母を探しに行きたい衝動に駆られる。自然の酵母の採取にのめり込むあまり、社長業の傍ら、40歳を過ぎてから三重大学大学院に入学し、博士号まで取得してしまったほどだ。誰に頼まれたわけでもないのに。

とはいえ、ビール造りを始めた動機があまりにも不純すぎたのか、ここまでの道のりは平たんではなかった。無謀な20代の決断は、暗黒の30代の入り口だった。経営が軌道に乗らず、自分に給与が払えない時代も長かった。妻と貯金を取り崩し、出張は夜行バス、散髪は妻のバリカンの日々が続いた。私は伊勢一、いや三重県一の愛妻家を自認していて、日本愛妻家協会の初代伊勢支部長を務めたこともあるが、それは、かつて妻に辛い思いをさせたことへの贖罪の気持ちがないといえば嘘になるだろう。

永遠に続くと思われたトンネルを抜けたのは40代。なんとか軌道に乗せ、「ビール界のオスカー」とも呼ばれる英国のインターナショナル・ブルーイング・アワーズ（ＩＢＡ）で金賞を頂いた。50代になった今、ようやく世界のクラフトビールの頂上を目指せる体制が整いつつある。

51年の人生をふり返ると、どんなときも傍らにいたのは微生物だった。微生物に人生を導かれていると言っても過言ではない。彼らが私の人生をどのように「発酵」させてくれているかを知れば、あなたの発酵愛も目を覚ますかもしれない。

目次

2章 ビール造りの天国と地獄

3章 ビール・サイエンスラボを目指す

4章 無限の酵母愛を胸に

7章 こんな奴が成功しているクラフトビール界

構成・文　栗下直也
装画　大嶋奈都子
装幀　新潮社装幀室

発酵野郎！　世界一のビールを野生酵母でつくる

1章　餅屋で終わってたまるか

ビール造りはサイエンスである

「伊勢から世界に」を合い言葉に歩んでいこう。

２０１８（平成30）年９月10日、伊勢市下野町に建設した新工場の報道陣向け内覧会で私はこう宣言した。新工場は工業団地の51・17アール（５１１７平方メートル）の敷地に立つ。従来からあった2棟の建物を購入し、改装して設備を入れた。ビールの製造能力は年９８０キロリットルで伊勢市神久（じんきゅう）にある旧工場と比べると4倍に増えた。

工場内は余裕をもったつくりで、空きスペースにタンクを設置していけば製造能力は従来の10倍をも超える。クラフトビールで日本最大の生産量も射程圏内だ。

社員に黙って物件を購入し、「これ、買ったから」と連れて行った現場で伝えたとき、彼らは一様に「でかっ！」と呟いたきり、その広さに絶句した。それもそのはずだ。私も当初は1棟だけを購入するつもりだった。いずれ拡張の必要が出てくるなら、一気に大きくしてしまおうと心変わりしたわけだから、社員が驚くのも無理はない。

日本のクラフトビール市場は拡大している。総出荷量も２０１９年には年５万キロリットル（伊勢角屋麦酒の３３０ミリリットル瓶に換算すると1億５０００万本）を窺う予想で、14年比では2倍以上に増えている。大手ビールメーカーの３５０ミリリットル缶が２００円程度なのに対してクラフトビールは４００円以上するものが大半だが、ビール全体の消費が落ち込む中、奮闘している。

当社、角屋でも需要に製造能力が追いつかない状態が続いており、日本のクラフトビールの出荷量では5位に位置している（18年、東京商工リサーチ調べ。１７５頁参照）。

新工場の建設で量に弾みをつけていきたいが、品質には譲れない一線がある。人生をかけて世界一のビールをつくりたいのだ。偉そうに聞こえるかもしれないが、伊勢の餅屋が巨大な資本をもつビールメーカーに勝てるとしたら、こまわりの利く小規模醸造所（ブルワリー）ならではの、ビール好きに鋭く刺さる品質とそれを探求する飽くなき心しかない。

その思いへの手応えはある。「限定ビールを出荷します」とレストランやビアバー向けに告知すると発売から15分も経たずに、用意した２０００リットルが売り切れてしまう。ありがたい限りだ。

国際的なビール大会の常連にもなり、「ビール界のオスカー」とも呼ばれる英国のインターナショナル・ブルーイング・アワーズ（ＩＢＡ）では17年にはペールエールが金賞、ブラウンエールが銅賞を頂いたのに続き、19年にはペールエールが２大会連続の金賞、ヒメホワイトが銅賞を受賞した。この賞は、１８８８年からイギリスのバートンアポントレントで２年に一度開催される品評会で発表される。カテゴリーが少なくメダル数が自ずと限られるのが、「オスカー」と呼ばれる所以だ。長年審査員として参加しているが、もちろん自社ビールの審査に参加することは決してできない仕組みだ。

今回は、前回にも増して嬉しい受賞となった。というのは、新工場でつくったビールを、ギリギリで間に合わせて審査に提出したからだ。この半年間の暗中模索の日々を思い出すと泣けてくるほどで、社員にも「金賞だけは特別だから」と呪文のように唱えてきた甲斐があった。生産量について加えれば、現在では新工場の稼働もあり、年間の出荷量は外部からの委託生産もあわせると、創業年の14倍の７００キロリットルにまで達した。まだ胸を張れるほどの規模ではないが、売り上げも４倍超の５億円を超えた。こんな時こそ手綱を引き締めていく必要はあるものの、社長のわがままにここまでついてきて、共に世界一を目指してくれている社員たちには心の底から感謝している。

とはいえ、「伊勢角屋のビールはなぜおいしいのですか?」と聞かれると、私としては「まだまだです」と答えるしかない。毎年20種類程度の新ビールを出すが、角屋として「これ以上手を加えようがない」と胸を張れるものはそのうちの2、3種類だ。なぜなら、「今、この瞬間に世界中でこれに勝てるビールはない」と思えない限り、そのビールには改良の余地があるからだ。ビールの味や状態は、ちょっとした気の緩みですぐに変わってしまう。その差異に気づかれない場合も多いが、完成の達成感を得られるビールは、年にひとつかふたつしかないのだ。

決して謙遜しているわけではない。ビールの世界も他のモノづくりと同じで、少しでも妥協すれば一気に味は落ちるという話だ。流行り廃りも激しい。どこまで味を追究できるか。嗅覚はひとそれぞれ微妙に違う。万人を満足させられるものをつくろうと思っても無理がある。では、どうするかと言えば、自分自信を満足させ、唸らせるビールを妥協せずにつくるしかない。角屋が他に負けないとすれば、熱すぎるほどのビール愛しかないのではなかろうか。

同時に、残念ながら熱量だけではビールはつくれない。ビール造りは科学だ。ビールはサイエンスの産物なのだ。方法論さえ間違わなければ、70点のビールは誰でもつくれる。むしろ、酒類の中ではつくりやすい部類に入る。だが、100点のビールはなかなかつくれない。ビールとは、酵母が織りなす「生きもの」だからだ。酵母という微生物がビールにかける魔法を科学的に分析し、積み重ねることで100点のビールに近づけるしかない。

伊勢から世界へ通じる道とは

世界一を目指すことになった道のりを、まずはお話していこう。すべては、「生きもの好き」から始まっているのでシンプルだ。

幼少期からとにかく生きものが大好きで、特に小さな生きものが健気に生きているのを眺めていると、時を忘れた。愛読していた学習雑誌『科学』と『学習』シリーズ（学習研究社が刊行していた児童向け雑誌）の付録のキットで顕微鏡と出会った。次第に簡便なものでは満足できないようになり、親にねだって本物の顕微鏡を買ってもらい、近くのため池で生きものを捕まえてきては、覗いてひとりでウハウハしていた。最近、「小さい頃って自分の頬の内側から細胞を取って、顕微鏡で見たりしましたよね」とある宴席で話したら、ものすごく怪訝（けげん）な顔をされたが、昔から一風変わっていたらしい。

幸運なことに伊勢は自然が豊かであり、顕微鏡で覗く対象には困らない。マムシやカエル、タガメにゲンゴロウ。網や釣り竿を持って飛び回っていて体には生傷が絶えなかった。それは、何にでも興味を持ち、興味を持ったことはとにかくやってみないと気が済まない性格も影響したのだろう。あらゆるモノを見たかったし知りたかったから、学校の成績は良かった。

とはいえ、勉強もクラスで一番出来たが、普段はまったく落ち着きがないからか、忘れ物が最も多いという一面も持ち合わせていた。対応策として、ランドセルの中に、全ての教科書を入れて登下校していたが、それでも授業の時間になると必要な教科書やノートがない。神様がいたずらをしたかのように。「鈴木君、また教科書ないの?」と先生もあきれ顔だったが、こちらも全ての教科書を揃えて持ってきているのにないものだから、もはや対策の打ちようがない。「忘れ物番長」の座を不名誉なことに卒業するまで守り続けることになる。

子供時代のこの性格は今なお、変わらない。落ち着きがないし、忘れ物も多い。小銭入れをなくすのは日常茶飯事だし、出張に出かける時に結んでいたネクタイが帰りにはないこともしばしば。それを前提にして動くようにしているくらいだ。ただ、「落ち着きなく、何でもやってみる」姿勢は私の短所でもあり、長所でもある。この性格でなければ、今の角屋はなかった、と断言できるだろう。

もうひとつ、世界一に通じる道筋にはいつも「発酵」があった。「生きもの好き」に対してこれは、先祖から受け継いだのかもしれない。1923(大正12)年に、曾祖父は、廃業した醤油蔵の設備一式を安く譲ってもらい、今でも続く、味噌と醤油造りを始めた。当時、醤油は売れに売れ、火入れした醤油を冷ます暇さえなく、熱いままの醤油を四斗樽（しとだる）に詰めて配達していたという。

曾祖父は酒問屋も興すなど商才に長け、儲けに儲けたが、酒問屋は当時の番頭にのれん分けし、その後、餅屋と醤油事業を継いだ祖父は、曾祖父と対照的に拡大よりも縮小路線を敷いた。職人肌で合理化や機械化も頑なに拒んだ。今や味噌や醤油造りも機械化され大量生産される時代だが、角屋の醤油蔵には同業者も驚くほどの伝統的な製造設備が残っており、昔ながらの四季の気温を利用した天然醸造にこだわっている。天然醸造というと今時は聞こえがいいが、一周遅れの最先端とでも言うのか、あくまで結果論だ。

角屋の味噌、醤油を買ってくれる人はこの昔ながらの製法を好む人が多い。

蔵の中には、人の背丈を超える木製樽がいくつも並ぶ。これは曾祖父が大正時代に事業を譲り受けた時点ですでに１００年以上使われていた年季物だ。はしごに登って、樽の中をのぞくと、とろりとしたもろみが見える。密閉されていないため、多様な菌が存在しており、この樽の中でどのような菌がどう働いているのかなと、時に思いを巡らす。

そうやってこの樽のそばで、叱られながら遊んでいた。独特の発酵の香りは、なんとも私を落ち着かせる。それはいつもこの香りが暮らしにあったからだろう。発酵ものにはとにかく目がなかった。

小学校5年生の時、皇學館（こうがくかん）大学の付属校である皇學館中学が地元に開校し、私は小学校を卒業すると進学した。皇學館は名前の通り、皇族と深い関係の学校だ。１８８２（明治15）年に林崎（はやしざき）文庫という皇族が学んでいた学び舎の中に皇學館が設立され、戦前までは官立の単科大学だった。終戦で一度廃校になったが、１９６２（昭和37）年に国文学と国史を教える大学として新たに開学したのだ。

皇學館中学校では、当時は神嘗祭（かんなめさい）（五穀豊穣、国家繁栄、世界平和を願う伊勢神宮の重要な祭典）など大きなお祭りの際には、必ず全校生徒で神宮に参拝し、神話を教える授業もあった。祖先に禰宜（ねぎ）がいるせいか、伊勢神宮の社殿などを造り替える式年遷宮（しきねんせんぐう）に伴う催事に自ずと参加してきたからか、私の伊勢に対する郷土愛は、思えばこの中学時代にはしっかりと培（つちか）われていたように思う。

高校はと言えば、皇學館は中高一貫の学校だったにもかかわらず、熱しやすく覚めやすい私は中学3年で外の空気を味わってみたくなり、親元を離れ、名古屋市の私立の男子校、東海高校に進学する。ここは愛知県下で有数の進学校だが、寺に下宿をしつつ、親の目が届かないのをいいことに、勉強もろくにせず、かといって、部活に励むわけでもなく、バリバリの帰宅部員として遊びに遊んだ（中学まではバドミントンや卓球など運動部に所属していた）。

当然ながら、現役での大学受験には失敗し、そのままふらふらと過ごし、2浪してなんとか東北大学に進学する。東北、特に宮城には今でこそ慣れ親しんで思い入れがあるが、当時の私はと言えば、学力と照らし合わせて進学先として選んだだけだ。入学式の日、伊勢とはまったく違う風土に、えらく北に来てしまったもんだと思ったことを鮮明に覚えている。

「生きもの好き」が人生の道しるべ

「生きもの好き」は私の人生の選択でいつも先を示す道しるべとなっていく。当時から、大学を卒業した後は、実家に帰り家業を継ぐものと思っていたので、大学では「最後の贅沢」とばかりに、好きなことをしようと農学部を選んだ。農学部といっても、海洋や河川など水圏の生物（微生物、プランクトン、海藻類、貝類、魚類など）を対象として、分子生物学や遺伝学などの角度で研究する学科だ。健気な小さな生きもの、中でも微生物が好きな私からすれば、進学先は興味のど真ん中だった。

進学を契機に、私は心を入れ替えようと自分自身に誓った。高校3年、浪人2年で精神的にも肉体的にもたるみにたるみまくった私はこのままでは自分はろくな人間にならないと感じていたからだ。自分をたたき直そうと、大学に登校した初日に学内で一番厳しい部に入ろうと決め、校内をうろうろしていたら、明らかに他と目つきが違う集団に出くわした。それが私の人生を大きく変えた東北大学防具空手道部であった。

どこの大学でも部活動と言えば、体育会系丸出しでこわもてなのは応援団、というのが定番だが、東北大の空手部はその応援団の上をいく部であった。空手部の連中のヤバさがわかっていただけるだろうか。

この頃は、毎日が空手だった。部の稽古は今思い返しても、常軌を逸していた。当時の稽古は常に屋外だ。真冬は仙台の吹雪の中で、真夏は焼け付くアスファルトの上を素足で走り回った。環境のみならず、稽古そのものの激しさも尋常でなく、稽古後に血尿が止まらないこともあった。春と夏の合宿は文字通り地獄で、朝の4時から夜の7時まで4日間、肉体的にも精神的にも徹底的に追い込まれ、なぜか部活の合宿なのに命の危険すら感じる始末。高校時代に柔道や合気道、少林寺拳法で鳴らした猛者たちでさえ、ついていくのがやっとの稽古に、帰宅部でなまりきっていた私の体は入部当初まったく順応できずにいた。

1年生の春に入部した同期の20人がひとり減り、ふたり減り、秋には6人になり、2年生に上がる頃には私を含めて3人となっていた。それでも根っからの負けず嫌いな私は必死に食らいついていった。その頃実家に帰省したら、私の顔つきと体形のあまりの変わりように母が私と気が付かなかったほどだ。

そして3年生の春、私は主将に指名される。3人のうちのひとりなのでリーダーシップの問題ではなく、おそらく人一倍の負けん気が評価されたのだろう。大学対抗戦で部を率いて準優勝した頃には、入学した頃の面影はすっかり消えていた。自分でも驚くほど精悍（せいかん）な顔立ちをし、引きしまった体全体に無駄な自信をみなぎらせていた。

当時、東北大の空手部では「できることをするのは稽古ではない。できないことをできるようにするのが稽古だ」をモットーに励んでいた。そして、4年間、そのカルチャーにどっぷり漬かった私は、死ぬ思いでやればこの世に不可能なことはないと信じるに至った。学生の世界でなら、これは通じたのかもしれない。

この無駄な自信が、後々のビール醸造業への無謀な参入や、「絶対に無理」と揶揄（やゆ）されたビール世界大会優勝を目指す原動力にも、暗黒の30代を招く要因にもなるのだが当時の私は知るよしもない。

「科学」の世界で必要なこと

学業では学科は食糧化学科におり、大学4年時に食品衛生学講座という研究室に進んだ。

指導教授は、沖縄県那覇市出身の安元健（やすもとたけし）教授だ。安元先生は、「海洋生物毒の化学とそれらの毒物の海洋生態系における動態解析」の第一人者で、２０１７（平成29）年には日本の学術研究者の最高峰といわれる日本学士院の会員にも選ばれている。つまりは、海の毒に関する第一人者だ。

安元先生は、高校生の頃に、青い海とサンゴ礁の小さな島、伊平屋（いへや）島で泳いでいたところ、漁師に「この辺りのサンゴ礁で獲れた魚を食べると、酔うから気をつけろ」と言われたそうだ。安静にすれば３日で治るものの、二日酔いのように体がだるくなるというのだ。しかもその魚の出没する海域は生きもののように数年周期で移っていき、種類を問わずにその地域の魚を食べると中毒が出る。その時は正体がわかっていなかった。

「もしかするとその正体は魚ではなく、藻など海の何かの要素かもしれない」とも言われ、ずっと気になっていた先生は、この毒の正体について生涯をかけて研究することになった。

実はこの中毒症状は、世界中のサンゴ礁のある地域で見られる「シガテラ」と呼ばれる症状で、コロンブスの時代にはすでに記録されているという、有名な魚介中毒だった。当時、食品衛生学講座では海洋性プランクトンに由来する食中毒を中心に研究しており、その中で私はシガテラ研究の一部を手伝うことになった。

空手バカ一代のごとき学生生活を過ごしていた私だが、人生をかけて高校生の頃の疑問を解き明かす安元先生のような人物に出会うことができ、研究仲間にも恵まれて、しばらく忘れていた生きもの、微生物に対する興味と尊敬の感情に再び火がついた。ハマったらとことんハマるのが今も昔も私だ。

何しろ知れば興味深いのだ。シガテラは被害者数では世界最大規模の食中毒で、熱帯や亜熱帯地域で魚を食べると発症する。日本でも沖縄や奄美大島などでは昔から知られており、地球温暖化の影響か、本州でも発生するようになってきていた。私は、シガテラ中毒の原因生物である「ガンビエールディスカス・トキシカス」（海藻に付くプランクトンの一種）を大量培養し、彼らが作る物質の研究に勤しんだ。彼らが生成するポリエーテル化合物は、哺乳類に対して自然界で最強とも言える毒性を発揮するのだから、驚いてしまう。

この、顕微鏡を覗かなければ存在が見えないプランクトンが、世界最強クラスの毒物を作り出す代謝の不思議さにはすっかり魅了された。食品衛生学講座には第一研究室、第二研究室、第三研究室とあったが、第三研究室は私の培養物で埋め尽くされていき、やがて「鈴木の部屋」と呼ばれるように。毎日深夜まで研究を楽しみ、帰宅して当時夜11時台に放送されていた「大相撲ダイジェスト」に間に合うと「今日は早く帰ったな」と感じる生活を送っていた。今でもあの1年は人生でも最高に幸せな1年だと思い出す。あまりにも研究が楽しく、卒業式当日も研究室にこもっていたほどだ。

安元先生にはかわいがってもらったが、よく怒られもした。ある日、米国出張から戻られた先生に実験の経緯を報告したところ、表情が変わり「君のやっていることはサイエンスではない」と指摘された光景が今でも脳裏に焼き付いている。菌体の成分の中から目的の生理活性物質を単離する過程は非常に複雑で、液液分離から始まり、何段階もの高速液体クラマトグラフィーを組み合わせて単離していく。このスキームの確定は、これまでの先行実験を参考にし、はじめはごく微量で予備実験を行い、結果を確認してから、本実験に移るものだが、私は一度その予備実験を飛び越して本実験に移った。エビデンスがないままに大量の実験試料を扱うのは、貴重な試料を無駄にする可能性があり、今にして思えば、よくそれだけの暴挙に出たなと思うが、先生には当然ながら厳しい指摘を受けた。

先生は、サイエンスに対して常に真剣であり、その真剣さを大学院生のみならず、私たち一介の4年生の学部生にも向けてくれていた。

最善をつくすために考え尽くしたのか？　必要な材料を集めたのか？　当てずっぽうでやるな。ファクトにもとづけ。

おかしなことに、今、私が社員にしつこくいっていることと同じなのだが、こういったことは全部、安元先生の受け売りだ。まさか20年後に安元先生の言葉を私が人に伝えるようになるとは。人生はわからない。

家訓は「家訓を持たない」こと

少し時計を巻き戻そう。

1575（天正3）年5月21日、三河国長篠城（現愛知県新城市長篠）で、織田信長と徳川家康の連合軍3万8000と、武田勝頼の軍1万5000が激突した。織田・徳川連合軍が勝利し、武田家滅亡の第一歩となったこの戦いは「長篠の合戦」として広く知られている。

私の実家の角屋は長篠の合戦と同年に、お伊勢参りのために船で伊勢に来る旅人を迎える茶店として勢田（せた）川沿いに誕生したといわれている。

こし餡の入ったきなこ餅は、手軽で持ち運びもできることから、今のファーストフードの感覚で旅人に重宝された。江戸時代の初期から昭和の中頃までは、もう一件、湊屋（みなとや）という茶店が隣にあったことから、自然とこの地は二軒茶屋という地名となり、私の実家のきなこ餅も、いつしか二軒茶屋餅と呼ばれるようになったそうだ。ちなみに、三重県内の桑名から伊勢までの参道には、参拝客が腹持ちの良い餅を求めたため餅屋が多く、「餅街道」とも呼ばれている。

伊勢神宮周辺には、江戸時代から続く何かしらの老舗が多いが、長さだけで言えば老舗中の老舗なので、著名な方がふらりと来店することもあれば、宮内庁や神宮司庁からも時折注文をいただく。あずき餡が入った薄皮のまわりに、きなこをまぶした餅は素朴な味だ。3個入りで230円（税込・刊行時）、製法は昔から変わらない。

種類は2種類で、1872（明治5）年5月25日に明治天皇が行幸（ぎょうこう）されたことから、毎月25日には、黒糖で炊いた黒糖餡の餅もつくっている。明治時代に白砂糖は高級品であり、庶民の食べ物には黒糖が使われ、二軒茶屋餅も黒糖餡だった。

さて、私は1967（昭和42）年に、この角屋の21代目として生まれた。「21代目として生まれた」と書くとおおげさに映るかもしれないが、生まれた時点ですでに実家の商売は400年近くの歴史があり、私を含め、誰もが生まれながらに実家を継ぐものと思っていたのは確かだ。加えて私は父母両家にとっての初孫で、さらには、両親が結婚して8年目にはじめて授かった子であったため、どれほど待ち望まれた子であったかは想像に難くない。

期待されてよく聞かれるのだが、450年近い歴史においても、不思議なことに家訓はない。戦国時代から商売を続けているともなれば、忍者の里の伊賀も近いことだし、先祖代々伝わる教えがありそうなものだが、残念ながら一切ない。家訓があったほうが本としては良かったのかもしれないが、ないものはない。

ただ、今でも不思議なのだが小学生時代に祖父に一回だけ家訓とはいかないまでも、教訓めいたことを言われたことがある。

「1円玉を落として見つからなかったら、10円の電球を新しく買ってでも探せ」

お金の大切さを説きたかったのかと納得する一方で、堅実な商売人だっただけに、これを機に新しく電球を買っておけば、1円を10回以上落としても簡単に探せるといいたかったのかもしれない。もしくは、意味も含めて自分の頭で考える訓練をさせたかったのか。その時は単純に「9円も損をするのに」と思っただけだったし、今でも祖父の真意は謎だけれど、この謎の言葉を強く覚えているほど他には何も言われなかった。

餅屋で終わってたまるか

その餅屋という、継ぐべき家業がなければ、アルバイトで食いつないででも大学院に進学したかったたが、2浪してまで大学に行かせてくれた両親にその気持ちを伝えることなどできるわけがなかった。寝食を忘れて研究に没頭したり、微生物の世界と触れ合ったりすることはもうないだろうなと一抹の寂しさを抱えながらも、卒業後は実家に帰って餅屋の手伝いを始めることになった。

大学を卒業して実家に戻った私を待っていたのは、家訓もないのんびりした角屋での、穏やかな生活だった。90年代初め、実家の家業はまだ会社組織になっておらず、父の営む個人商店で、祖母と近所の女性が何人か働くような形態だった。早朝から餅をつくって、正午にテレビのＮＨＫニュースを見ながら昼ご飯を食べ、夕方まで働き帳面を締めて一日が終わる。店は夕方まで開いていたが、朝起きて、餅にきな粉をふるくらいしかやることがなかった。昼ぐらいになると、することがない日もしばしばあった。大学卒業時に思い描いた以上に一日がゆったりと過ぎていった。

今日も明日も明後日も、10年後も何をやるかを想像できる日々……大学で微生物の神秘性に魅せられ、研究の早さを世界と競っていた私にとって実家での生活は、刺激がまったくなく、物足りない気がした。社会から取り残されているような焦燥感に襲われる毎日だった。

もちろん、潰れる心配のない老舗の餅屋のせがれの、わがままに聞こえるかもしれない。また、ありがたいことに父親が健在で、責任ある立場になかったこともある。経済的に困るわけでもないし、ゆっくりとした時間の中で過ごす日々は人によっては恵まれた環境に映るだろう。だが、若い私にとっては閉塞感（へいそく）で息苦しく死にそうだったというのが本音だ。

家業を継ぐことの重要性を頭で理解しながらも、一回限りの人生だから後悔したくないという思いを抑えられない。それでいて、現状を変えるためにどう一歩を踏み出して良いかもわからなかった。矛盾する思いを抱き、悶々としながらただただ月日だけが過ぎていった。

2章　ビール造りの天国と地獄

法律に翻弄された「地ビール」

　転機となったのは1994（平成6）年だ。この年、時代の流れで、家業を法人化して有限会社二軒茶屋餅角屋本店を設立し、父が社長、私が専務に就任した。そして、まるで法人化にあわせるかのように、規制緩和の一環として酒税法が改正された。これが私の人生を大きく変えることになる。

　ビールの製造には、所轄税務署長から製造免許を受ける必要があり、それには一定の製造量が求められる。この製造に必要な最低量が年間2000キロリットルから、清酒と同じ60キロリットルにまで引き下げられたのだ。これにより、巨大な資本を持つ大手メーカーにしか参入できなかったビール市場に、中小メーカーも参入可能になった。日本各地に「地ビール」が誕生することになり、全国で２００カ所以上もの地ビールの製造所が誕生したことを覚えている人も少なくないだろう。

餅屋の仕事に飽き飽きしていた私は、渡りに船とビール事業を立ち上げることを決めたわけだが、その当時頭にあったのは、地ビール市場の成長性や餅屋のビジネスを補完できるかなどの経営的な理由ではなかった。「また、微生物で遊べる」。若気の至りで申し訳ないが、その気持ちに尽きた。

幼少期からの生物好きが嵩じて大学で微生物の楽しさに魅了された私だ。そこに迷いはなかった。ビールの規制緩和を耳にして、思ったのは「ビールと言えば酵母じゃないか！　ビールをつくれば、仕事で大きな顔をして酵母に関わることができる」という今にしてみれば何とも不純で、短絡的な発想にすぎない。そのことで文字通り、後々地獄を見ることになる。今思えばもう少し迷ってもよかった。

父が反対しなかった理由は「かわいそう」

とはいえ、ふり返っても不思議なことに父親は、まったく反対しなかった。94年に父に「ビールの醸造所をつくりたい」と伝えたところ、「うん、やれば」とあっさりと認めてくれたのだ。

つい最近まで父が反対しなかった理由を聞いたことはなかったが、この本を書くにあたり尋ねたところ、「餅屋のせがれで終わらせるのはかわいそうだった」と答えたので非常に驚いた。

父の父、私の祖父は非常に厳格だった。なにしろ1円玉の逸話を持つ人である。餅屋のほかに、味噌や醬油事業を手がけていたが、拡大よりはむしろ縮小を目指す職人気質の人物だった。祖父にはほとんど小言も何も言われずに育ったが、厳格で寡黙だったため、常に畏怖（いふ）を感じていた。祖父が亡くなったのは私が高校1年の春で、当時、私は進学に伴い家を離れていたが、亡くなったと聞き呆然とし、ぽっかりと穴が空いたように感じた。その喪失感は時間とともに私にのしかかってきた。今、ふり返ってもあの感情が何に起因するものか、はっきりと形にはならないが、それほど大きな存在だったのだ。

父は父で、祖父に窮屈さを感じていたこともあり、私には自由にさせたい思いがあったのかもしれない。当時の私は父から見ても、よほど辛そうにしていたのだろう。とはいえよく聞いてみると、父としては、私に「ビールを始めたい」と告げられたところで、餅屋のサイドビジネスとして小規模に「何かやるんだな」程度の認識だったらしい。餅屋が忙しいのは正月を中心に冬場だ。「夏の餅と夫婦喧嘩は犬も食わぬ」ということわざがあるように、昔から、腐りやすい夏場の餅は売れないことで有名だった。夏対策として、かき氷やソフトクリームを出すことはよくある。父も、「うちもビールでも売って夏場の売り上げの足しにでもなれば」程度に気軽に考えていたにちがいない。

もちろん、私の思いはまったく違った。新しいことをしたくてうずうずしていたし、酒の醸造経験はなくても、大学で微生物と親しみ、農学士の学位があった。商売でもあり、醤油と味噌の製造のための発酵技術に関する多少の知識も持っていた。

おまけに、当時は30歳手前で体力がありあまっている状態だ。大学時代に空手部で血尿を出しながら練習に耐えたことは身体が覚えており、自信の塊のような男であった。オレが真面目に取り組めば、世の中でできないことはない、くらいに思っていたのだ。

すべては順調に見えたのに

やるときめたら即行動に移したい私は、早速、県内で最初に地ビール生産を始めた阿山（あやま）町（現伊賀市）の農業組合法人施設に従業員を修業に出し、自分は灘の蔵元に2週間ほど泊まり込んで酒造りの基礎を学んだ。大学ノート1冊分、ぎっしりとメモを書きあげて満足して帰ってきたのを覚えている。

2年後の96年には地ビール醸造所の開業を決定。餅屋や醤油・味噌の工房の建つ一角の空き地に、工場の建設を目論む。まだ地ビールが珍しい時期だったこともあり、着工するやいなや、連日マスコミが押し寄せ、「伊勢に地ビールが誕生」、「伊勢の地ビールが開業準備」との文字が新聞紙上に躍った。

餅屋から来てもらい初代工場長となったひとり、「ビールをつくりたい人！」と募集を掛けて集まったふたり、そして私の4人とアルバイトで、ビール事業は97年にスタートした。設備は地ビールのコンサルタントの方にお願いし、最初の仕込みはペールエールから。これがビギナーズラックだったのか、意外においしくできた。2日目にヴァイツェン、3日目にスタウトと、順々に仕込み、5年ほどはこの3つがそのまま定番になっていたほどで、滑り出しはよかった。

とにかく、未来がどうなるかと考えるより、ビールをつくれること、新しい景色が見られること、そして、酵母と戯れられること。これが、ただもう楽しかった。そこには、「餅屋で終わるわけにはいかない。伊勢から世界に旅立つ」という野心もなかったといえば嘘になる。

ちょうどその準備段階の頃、餅屋が暇だったので、たまたま募集があったコンビニエンスストア「ファミリーマート」のフランチャイズオーナーになっていた。伊勢での一号店だった。開業半年で、店の目の前にサークルKができ、競合店対策であれこれやってみたらこれが奏功（そうこう）して本部の目にとまり、開業半年の新米オーナーながら中部店長集会で500人ほどの店長や本部の役員を前に、「競合店対策」の講演を依頼された。

そう、この頃の私は乗りに乗っていた。「やはり、世の中、なんとかなるな」と世間を少しナメていたかもしれない。妻にも「あのまま成功していたら、あなたはすごく嫌な人間になっていたわよ」と後に指摘されたくらいだから、傍目から見ても調子に乗っていたのだろう。ただでさえ過剰だった自信があふれんばかりに満ち、天狗も驚くくらい鼻が伸びに伸びきっていたわけだが、まさか、すぐにへし折られるようになるとは、この頃は露ほども思っていなかった。

実際、97年春のビール事業に参入したこの頃は、全てが順調にみえた。いや、正確には、少々嫌な予感があったものの、持ち前の「どうにかなる精神」で乗り切れると気楽に考えていた。

騙されての飲食店経営

「店、なくなっていないかな」

ビール事業を立ち上げた年の、すでに秋頃には、毎朝そんな妄想を抱くようになっていた。毎月ごとに赤字を垂れ流す状態に、なすすべがなくなっていたのだ。朝起きるのが辛く、目覚めたら目覚めたで全てが夢であればと願う毎日はあまりにも辛かったので、借り入れしている銀行が「あれ、ナシにしちゃいましょう」と忘れてくれないかなと考えたこともあった。ふり返ると非常に身勝手でバカな発想で恥ずかしいが、経営状況は悪化の一途で、それほど窮地（きゅうち）に陥っていたのだ。

そこには、地ビール製造の構造的な問題が、まずあった。

94年に政府がビール醸造の規制緩和を打ち出したものの、醸造免許の許認可権を持つ国税庁（所轄税務署から交付を受ける）は醸造の経験がない人間に免許を交付することに決して前向きではなかった。

彼らは免許希望者が法律で定められた最低生産量の年間60キロリットルを小売業者にきちんと販売できるとは、はなから信じていなかったのだ。このこと自体はある程度しょうがないことではある。突然のブームに乗っただけのにわかビールメーカーが、アルコール業界独特の酒問屋を通した流通に適応することが難しいのは、誰が考えても明らかだった。ブームはいずれ去るということも歴史を振り返れば必然だ。

いずれにしてもそのため、つくったビールをひとしずくでも多く売れるようにと醸造所に、そこでつくったビールを飲める飲食店を併設することを求めていた。

ご多分にもれず私もそのような助言をもらった。奇妙なことに醸造免許の認可が下りる前に醸造設備をそろえておかなければならなかったので、後戻りはできないと思いながらも、免許取得の可能性が上がりそうなことならば手段を選ばずに進めた。

当時は、醸造所と飲食店がセットのこの事業形態で他の多くの中小企業も参入したわけだが、私の場合はこの時も少しばかり、常軌を逸したのかもしれない。「どうせやるなら大きい方がよい！」と、飲食店の併設を決めたがために想定よりかなり大きい挑戦になっていた。醤油と味噌の材料蔵を改装したビール工房に、客数１００席の大きなビールレストランを併設したのだ。どう考えてもせいぜい30席、40席がよいところだっただろう。不安がなかったといえば嘘になるが、気合いで心配事をねじ伏せてきた空手部時代のやり方を貫いてしまった。

94年に法人化して組織としてはよちよち歩き出したばかりの小さな会社が、当時の年商の2倍以上、約2億円の設備投資でビール事業に参入するとはどういうことか。ビール醸造がど素人なら、飲食店もど素人。冒険と言うよりも無謀。いや、むしろただのバカだろう。今ふり返ると成功する要素は見当たらず、後に毎晩悪夢にうなされるようになった。

97年4月21日に醸造所とレストラン「麦酒蔵（びやぐら）」がオープンするや、レストランには長蛇の列ができた。これがこの店の最初で最後の活況になった。

ビール造りで壁にぶちあたって

それならビール造りはうまくいったか、といえばそうは問屋がおろさない。

まず、単純に、醸造設備の使い方がわからなかった。「水が入っちゃった」「発酵がうまく立ち上がらない」「酵母の菌体数の管理ができていない」「目分量でもとにかくやろう」といった、今思い出すと赤面してしまうど素人ぶりである。

今ならわかるが、全体の見取り図が描けていなかった。たとえば、「タンク繰り」ができていなかった。これは、醸造設備なら当然付設している複数のタンクを、容量や仕込みのタイミングを図ってうまく回すことを指し、生産量に直結する。現在は、工場長や現場担当、生産管理の責任者と私の4人で1カ月先までを事前に念入りに相談して決めるが、当時はなんと、出たとこ勝負以外の何ものでもなかった。これではうまくいくはずがない。

創業したてのときに業界団体のトップに角屋のビールを送り、試飲してもらった後にいただいたメールが今でも忘れられない。細かい言葉ははっきりと覚えていないが、「オフフレーバー」の指摘がはっきりと書いてあった。

オフフレーバーとは、極端に言えば「なにか変？」という感じのにおいのことだ（味を含むこともある）。成分の化学変化や細菌の繁殖、なにかの物質の混入、と原因はさまざまで、この時はプロでないと気づかないレベルとはいえ、そのメールには「ダイアセチル（バターのようなにおい。酵母を取り除くタイミングが早すぎた場合に生じてしまう）、DMS（キャベツっぽいにおい。麦芽の加熱で発生する際に出てくるにおい）、殺菌剤のようなにおい、酸化」、この4つがはっきりと指摘してあった。思わず、自嘲気味に「まるでオフフレーバーの見本のようなコメントをありがとうございます。これから精進します」と返事をしたのをおぼえている。

当時の業界団体の指摘は、今の私が口を酸っぱくして新しくつくりはじめる人に伝える言葉だ。今では業界の底上げのために気が付いたことをとにかく伝えようと、情け容赦のない指摘になったのだともわかる。普通に飲めば気付かないものだったが、そうした、あってはならないオフフレーバーが当時の伊勢角屋麦酒に多かれ少なかれあったのは間違いない。

このままではダメだ。

まもないうちに、私は当時の醸造の正社員3名を前に「伊勢角屋麦酒は5年間で世界大会優勝を目指す」と宣言した。「この専務、頭おかしいな」と思ったか、あるいは、「世界ってなんなんだ」と思ったかは定かではないが、鳩が豆鉄砲を食らったような社員たちの顔は今も忘れられない。だが、角屋には、看板が必要だった。

それまで、私が携わってきた二軒茶屋餅は創業400年を超える暖簾（のれん）があった。歴史とはすごいもので、それが続いている限りあとからできたものは、その歴史を超えることはできない。当たり前だが、これはとてつもないことだ。なにしろ、二軒茶屋餅は続いている限り、100年後も200年後も、おそらく地域で最古の老舗であるというブランド力が揺らぐことはない。

一方で、私が立ち上げた伊勢角屋麦酒は、当時、何のブランド力もなかった。それどころか、こういった価値があるのですと、訴えるべき根拠がない。私はどうしても説得力ある裏付けが欲しかった。「伊勢のビール誕生」などとマスコミで騒がれたこともあり、伊勢を代表するビールをつくる以上は、世界一になろうとごく単純に考えていた。

というわけで、目指すところはあっさりと決まった。

世界一を目指すことになった私は、微妙なオフフレーバーの解決にひたすらあたった。当面の課題は、「ダイアセチル、DMS、殺菌剤のようなにおい、酸化」だ。重要なのは数値やデータを蓄積し、PDCA（計画＝plan、実行＝do、評価＝check、改善＝action）を回すことだ。このPDCAを回して回して、気が遠くなるほど回し続けて完成していくしかない。

その意気やよし。しかし、である。そうなのだ。当然、素人だった私たちがつくったビールが世界に手が届くような代物であるはずはなく、世界への道は険しく、遠かった。

過信と健全な自信のあいだ

とはいえ、私の世界一宣言を後押ししてくれた、ある人物との出会いもこの頃にあった。２０１８年1月に亡くなられた河中宏（かわなかひろし）さんだ。河中さんは中川電化産業の社長、会長を務めた三重県を代表する経営者だ。家電のスイッチ技術を自動車向けに応用して、地方の中小メーカーから世界20カ所に拠点を置くグローバル企業に成長させた功労者で、個人資産１００億円ともいわれていた。

１９９７年秋、レストランは閑古鳥（かんこどり）が鳴き、ビール事業の不振で、私の中の自信の塊がばらばらになりかけていた頃、ある勉強会に参加した。講師として登壇した河中さんに会社の経営がうまくいかないことを質問すると、こう激励していただいた。

「あなたは必ずいつか成功する人や。あなたに足りないのは自らを過信することや」

勉強会で多くの経営者が顔を並べている中、名指しで励ましていただいたことで、明日が見えず、うつむきがちだった私がどれほど勇気づけられたことか。私は勉強会の帰りに、河中さんの言葉を反芻した。「そうか過信か、足りないのは過信か、過信が必要なんだ。もっと自信を持って良いんだ、いや、持たなくてはいけないんだ」。

事業の低空飛行で無駄な自信が全身から消えかけていた私は、逆にあるべき自尊心さえも失いかけていた。そんな状態の私にとって、河中さんのお言葉は、世界の誰もがオレを信じなくても、オレだけはオレのことを信じようと思い直すターニングポイントになった。健全な自信は、どんなことにも必須だ。

河中さんにはその後も沢山のお言葉をいただいたが、初めてお会いしてから6年後に愛車のロールスロイスまで譲って頂いた。伊勢にいるとロールスロイスに乗っている人自体が珍しい。それを人に譲ってくれる人なんているのかと思いきや、世の中にはいらっしゃるのである。この時、かけられた言葉も忘れられない。

「今の鈴木さんにとっては2歩先の車ということはわかってるよ。ただ、この車に乗る人が何を考えて生活しているかを鈴木さんはそろそろ考えなくてはいけない人や。この車に乗って、一日も早くこの車が似合う人になりなさい」

18年に稼働した下野工場のために、今の私たちにとっては少々大きすぎる規模の敷地を用意したのも「工場を新設するなら今はちょっと大きすぎるなと思うくらいの工場を構えなさい。いずれ必ずもうちょっと大きくしておけばよかったと思うから」という河中さんの教えに従ってのことだ。

給料ゼロ円の意味するところ

河中さんのアドバイスで少しずつ自信を取り戻していたものの、90年代末は、自分の2歩先を信じなければやっていられない状態に置かれていた。どのくらい悲惨だったかというと、給料を1円もとれなかったのだ。

ビール事業に参入する1年前に始めたコンビニエンスストアの経営は順調だったが、もうけは全てレストラン事業が食いつぶしていた。少ないながらも給料を取れるようになったのが2000年頃だから、ビール事業を立ち上げて3、4年は貯金を切り崩して生きていたことになる。幸いにして27歳で結婚するまで実家暮らしで、派手な遊びもしない性格だったので貯金はあった。

だが、盆暮れの6日間を除いて朝の6時から夜中まで誰より働いても無給だから、いかに経営が厳しかったかがわかるだろう。当時は自分をセブン―イレブンならぬ「シックス―トウウェルブ（朝6時から深夜12時）の男」と自嘲（じちょう）していた。知恵がないからとにかく体を動かすしかなく、空手部以来の血尿が出ることもあった。いや、むしろまだ当時は動き回ればどうにかなると思っていた。それでもどうにもならず、運転資金に頭を悩ます日々の中で、月末になると、父にお金を借りることもしばしばあった。私が父に頼みづらいのを察した妻が黙って父に借りに行ってくれたこともある。

30代の頃は、給料を従業員に払ったら自分に払うことができず、このまま一生どん底ではないかとすら思ったし、家業の400年の長さがのしかかってくるほど重く感じられた。前から見ていた月に追いかけられる幻覚の頻度は増し、数歩ごとにふり返るようにさえなっていた。それほど財務的にも精神的にもギリギリだった。

地元では商工会議所の集まりなど夜の付き合いもあったが、必ず中座していた。忙しかったわけではない。最後まで付き合っていたら、会費を払えなくなる可能性があるからだ。財布に入っているなけなしの3000円くらいを机に置いて「ちょっと所用があるんで」と帰っていた。用なんてまったくないのに。

交際費もないくらいだから、散髪はバリカンで家でするよう妻に頼んでいたし、自分の食事には、経営するコンビニで廃棄する賞味期限切れのお弁当やお菓子をよく食べていた。売り上げを立てるためにと、家族旅行にコンビニ弁当を持っていったこともある。

出張は新幹線などもちろん使えるわけがない。夜行バスで往復していたし、泊まりの場合は大人が横たわると靴の置き場もないような狭い安宿を使っていた。余談だが、自分に給料を払えるようになってもはじめは妻とあわせて20万円程度。正直、お金だけを考えたら、アルバイトをした方が割がいい。のちに私が頼まれて日本愛妻家協会の初代伊勢支部長を引き受けたのも当時、妻に辛い思いをさせたことへの罪滅ぼしからだ。有名な二見の夫婦岩の前で愛を叫ぶ羽目になったのは誤算だったけれど。

第一次クラフトビールブームの終焉を見る

冷静にふり返ると私がクラフトビール市場に参入した97年は、第一次クラフトビールブームのピークの「終わりの始まり」だった。94年に6社6醸造所、95年に18社18醸造所、96年に71社79醸造所が開業。そして、私が参入した97年には99社106醸造所が立ち上がった。1年間でこれだけのビールメーカーが集中して誕生した時期は、日本では後にも先にもない。わずか4年の間に200社以上の醸造所が誕生し、空前絶後のブームが訪れ、あっけなくそれは終わった。クラフトビールのブームはまたたくまに過ぎ去り、私のレストランもオープン半年を待たずして閑古鳥が鳴くようになる。夏場の観光シーズンが終わり、秋が訪れるや客足がぱたっと止まったのだ。

このブームの終焉には前述の構造的な理由の他にも、原因はいくつもある。当時はビールが全国各地で生産されていること自体が珍しく、パッケージのかわいさや名前の面白さなどを目立たせた、お土産にふさわしいビールがもてはやされた。言葉は悪いが、クラフトビール文化が醸成されていないため、味は二の次とされる側面もあった。お客さんの舌も決して肥えていたとは言えず、私のレストランでも「こんな濃いビールは飲めない。アサヒやキリンのビールはないの」と聞かれたり、「ビールジョッキは凍っているのが普通でしょ」と文句を言われたりすることもあった。クラフトビールの味は多様で、濃いものもあれば、常温で出すものもある。そういった特徴について、今では質問されることさえないが、当時は違ったのだ。

なかでも、最大の課題は多くの造り手が素人だったことだろう。私もそのひとりだ。クラフトビールに興味がない人がつくるクラフトビールとは、残念ながら私でさえ驚くひどいものであった。

今でも思い出すことがある。ブームも終焉しつつあった98年、クラフトビールをテイスティングするとある会に参加した私は試飲したその味に愕然とした。そこにあったビールの半分ほどは明らかに不良発酵でできたものであり、「うまい、まずい」以前の商品レベルだったからだ。要するに、製造工程で雑菌が入ったことが明白なビールだ。言うならば売ってはいけないビールなのだが、これらが普通に市場流通していたのだ。

この頃はそんな「猛者」ぞろいだった。当時、ある会社の人が「うちの商品いいでしょ」と胸を張って勧めてきたので、口をつけてみたら、想像を絶するほど酸化が進んでいた。あまりにも酸化がひどかったので、何かの間違いかと、もう一口飲んでみたが、やはりもの凄いレベルで酸化している。

なぜここまでにと推測したが、原因はさらに想像をこえるものだった。恐ろしいことにビールをタンクに移す際に、炭酸ガスに置換せずに空気が入ったまま移していたのだ。完成したビールが空気に触れてはいけないことを知らなかったのだろう。宴会でもビールの泡がなくなってしまうと、どんどん味が酸化して飲みづらくなるだろうに。

逆に発酵前の麦汁には空気を入れなければならない。酵母に呼吸させてあげて、活性化して、発酵させる。ここのブルワーは麦汁に空気を混ぜる工程を、できあがったビールに空気を混ぜなければならないと誤って認識していたのだろうか。いずれにせよ、あまりにもビールの製造工程を勉強していないことがわかる事例だ。

ビールは、食品行政としての規制が弱い部類に入る。アルコールが5％程はあり制菌効果があるホップを使うため、大腸菌などが生育できない環境なので、日本でビールを飲んで食中毒で命を落とすような事故が起きた事例が過去にないからだ。ただし、一般の飲料に比べると元々安全性が高いため、厳しく規制する必要がないだけのことで、良いビールをつくろうと思えば、一般の飲料以上に難しい管理が要求される。それは、大腸菌など危険なものは生育できないまでも、発酵が行われる条件が揃えば、酵母でなくとも生育できる条件が揃っているということだ。そうした危険もある状況で、選んだ酵母にだけ元気でいてもらうためには、細心の注意が必要なのである。しかし、当時は、そうした認識のないメーカーも多数あった。

結果、造り手の衛生意識も低いままだし、皮肉なことに酵母の力で「それっぽい」ビールはつくれてしまう。あらゆるタイプのビールを全てひとつの酵母で発酵させているブルワリーさえあった。まともにつくろうとしたらひとつで賄えるわけがない。理由を問うと「いろいろな酵母を使うのは面倒くさいから」と返され、喉元まで出かかった「それで良いんですか？」という言葉を鉄の塊のように飲み込んだ記憶がよみがえる。つまり、かなり無茶苦茶につくっても「ビールっぽいもの」はできあがるのだが、そんな「ビールっぽいもの」を消費者がもう一度飲んでみたいと思うわけがない。業界が自分で自分の首を絞めていたのだ。後述するが、クラフトビール全体のスタンダードの底上げをしなくてはいけないという決意はこの頃に生まれた。ただブームにむやみと乗るのは無賃乗車のように思えてしまう。乗っている者には最低限の責任があるだろうに。

開店休業状態の長い日々をどうしのいだか

そんな心配ができるようになったのは最近のことで、市場全体の冷え込み以上に私を苦しめたのが、レストラン経営だ。１００席ものレストランをオープンさせてしまい、売り上げがもっとも落ち込んだ頃は客よりもスタッフの人数が多い状態が続いた。妻と私は自ら接客のシフトに入るも、営業時間中ずっと立っているだけの日もあった。

開業当初は特に、頼りとなる小売り販売（お店への卸しや最終消費者へのビール販売分）が軌道に乗っておらず、「このままでは家業も存続できないかもしれない。４００年以上続いた餅屋をオレの道楽で潰してしまう」と眠れない日が続いた。開店休業状態のレストランから逃げ出し、誰もいない実家の２階の応接間のソファーで、天井を見つめながらあれこれ考えたこともあった。妻によると、スタッフが「社長がまたいない」とよく愚痴っていたという。なんとかしなきゃ、なんとかしなきゃと焦りだけが募るのに、なにをすればいいのかはさっぱりわからない。最近、「よくやめようとしませんでしたね」と聞かれることがあるが、正直、やめ方もわからなかったというのが本音だ。

会社全体の売り上げが２億円程度まで伸びたころも、ビールの小売りでは利益が出ていても、レストラン事業は年間１０００万円規模の赤字を垂れ流し続けていた。それでも、レストラン経営については、単体では赤字でも会社のPR効果を見込めると信じ、立ち上げの際に雇用した料理長が退職するまでは続けようと決め、その後もしのいだ。

しばらくの間、視界から色が失われていたこともある。あるとき、車窓の景色を見てふと、視界に入る景色に色というものがあると気づいて驚いたことがある。当時、いかに病んでいたかが想像できるだろう。今も気分転換に、月を眺めるときがある。月が追いかけてこないのを確認して「あっ、まだ頑張れるな」と自分の中でのストレスの判断基準になっている。


レストランは、結局15年ほど続けた。赤字幅は縮小していったがゼロになったことは一度もなく、最後まで手応えを感じることはできないままだった。

レストラン経営については、つまるところ「向いていなかった」の一語に尽きる。興味が赴くままに進めたものの、動き回っていたい人間がハコを構えて待つのは無理だ、性にあわなかった。

もちろん、多くの仕掛けを能動的に作ってお客さんを呼び込んでいる店は少なくない。やりようはあったのかなと思うこともあるが、やはり無理だっただろう。決定的なのは私があまり外食をせず、仕事の付き合いをのぞけば家で食事をとるタイプなだけに飲食店事情に疎かったことだ。おまけに、何を食べてもおいしいと感じる万能な舌だけに、「人がおいしいと思える料理はなんだろうか」と環境も含めて思いを巡らせることができていなかった。飲食店も料理も知らない男がどうやって客をもてなせるのか。

結婚前は教師をしていた妻ともたまに「当時は、しんどかったね」と話すが、私も妻も生き馬の目を抜く飲食業界を戦い抜くには真面目すぎたのだろう。外食はいかにお客様を楽しませるか、夢を売るかの商売なのに、こちらが遊びを知らないのだから、楽しませ方を思いつくわけがない。

性格が向いていないだけでなく、開業した当初はシフトの組み方も勤怠（きんたい）の付け方（出勤と欠勤の管理）もよくわかっていなかったから、よくやったなと本当に我ながら感心してしまう。当時は、「気合いでどうにかなる」と空手部の延長線上でビジネスも乗り切ろうと、猪突猛進にひたすら働いていたけれど、今考えると赤面するばかりだ。根っから人を信じやすい性格でもあり、雑誌の取材で訪れた飲食コンサルタントに「ビールをお客様に出すのに、なんで内装が和風なのですか」との助言を受けて、「そうか、内装が悪かったのか」と洋風に全面改装したこともあった。その数百万の投資が活きることはなく、状況は転がるように悪化していった。

世界一の頂に、審査員のルートで登る

こうした状況も世界大会で優勝すれば好転するはずだと、ひとり大まじめに考えていた。いや、あまりにも悲惨な状況に身を置いていたために、その考えにすがっていた。とはいえ、どうすれば優勝できるか想像もつかない。そもそも、どういうビールが評価が高いのかもわからない。誰かに教えてくださいと聞きに行くのも手だろうが、誰に聞けば良いのかもわからない。優勝者に聞けば良いかもと思ったが、面識もなく失礼ではなどといろいろ考えている内に、ひとつのアイデアに辿り着く。そうか、審査員になってしまえばいいのだ。

大会で順位を決めるのは審査員だから自分が審査員になる、決める側に立つのが世界大会優勝への一番の近道ではないか。山の頂に登るのには適切なルートをたどるべきだが、何も知らない私は、現在地点から頂上までの最短ルートと信じる道をひたすら進むしかなかった。そこがどんなに荒れていて険しく無謀に思えても。

思い込みと行動力だけは図抜けている私はそう思うやいなや、創業した97年の秋には日本地ビール協会の講習会に出席していた。日本地ビール協会は、国内外の地ビールの普及や振興を目的に94年に設立した団体で、「ビールのソムリエ」であるビアテイスターの育成支援などにも力を入れている。

当時、業界団体の日本地ビール協会はクラフトビール普及のために講習を定期的に開催しており、「JUDGE」という項目があった。これを受けて得られる資格を持つ者から、審査会の審査員の声がかかるとも記されており、私はさっそく申し込み、その年の内に、審査員資格を取得した。

国内の審査会で審査員として経験を積んでいると、あるとき、地ビール協会の方から打診があった。地ビール協会にグレート・アメリカン・ビア・フェスティバル（GABF）から審査員の派遣要請があったらしく、「鈴木さん、英語できる？」と誘われたのだ。二つ返事で「大丈夫です」と答え、99年にGABFで、海外の大会で初めて審査員を務めた。もちろん、当時の英語力は胸を張れるレベルではないのだが、ひたすら勉強を重ねた。念願の国際大会の審査員だけに、何としてでも行きたかったし、実際、審査も何とかなった。何かやりたいときには実力が伴わなくても手をあげるべきだ。追いこまれることで地力があがる。

この「世界一になるために審査員になる作戦」は間違っていなかった。審査員として多くのビールを多角的にみることで、自社の課題もみえてきたし、何よりも国際大会には世界中から著名な醸造家が集まるため、日本では知り得ないような最先端のクラフトビールの知見を文字通り肌で感じることができる。この情報格差は、中に入ってみるとよくわかるが厳然としてあり、私が海外の大会の審査を続けている大きな理由の一つでもある。審査会に出て新たに得た知見と課題を持ち帰り、これから何をするかを社員と議論する。多くの技術を試し、調整を重ねる。改善点やデータを辛抱強くとりつづける。この工程をひたすら繰り返す。

マイケル・ジャクソンの角屋訪問

余談だが、世界一を連呼していたら、ほんとうに世界一の人物がやってきた。マイケル・ジャクソン氏だ。本人も冗談にしているらしいが、あのムーン・ウォークのできる「ポップの帝王」ではなく「ホップの帝王」、ビール業界では知らない者がいない、イギリスの世界的なビール評論家だ。ベルギービールを世界に知らしめた人物で、彼に飲んでもらえるだけでも光栄だというのに、なんと角屋まで足を運んでくれたのだ。

2週間泊まりこみで修業をさせてくれた酒造会社が日本に催事で招聘（しょうへい）した際に、クラフトビールのおもしろいやつがいるよ、ということになったらしい。伊勢観光がお目当てだったのかもしれないが、伊勢のよいところは「ついでに」と立ち寄ってくれる人が多いことなのでとにかくありがたい。

そうして来てくれたわけだが、マイケル・ジャクソン氏が角屋のビールを試飲した時の緊張感ときたらなかった。30分以上グラスを片手になにも語らず、じっと黙ってしまったのだ。

私はなにかしでかしてしまったかと慄(おのの)いたのをよく覚えている。後から聞くと、それが彼の試飲時のスタイルで、集中の度合が尋常ではないのだという。沈思黙考の後、おもむろに口を開いた彼は、当時限定で製造していたスコッチエールを評価してくれた。ただ、自信作のペールエールの評価はいまひとつ。

ところが、その後に続けて「ホップを変えたらいいんじゃないか？」とアドバイスをくれた。その言葉を受けて、ペールエールに使っていたヨーロッパ産の「ケントゴールディングス」から、アメリカ産の「カスケード」にすぐに変えたのはもちろんだ。結果はどうだったか？　すばらしいホップで、今も大いに使わせてもらっている。角屋の味噌蔵に興味津々だったのが印象的だった。

野生酵母を取り込む環境にはそうは出会えない、ありがとう。そんな言葉を残して彼は帰って行った。

何も起きなかった、静かすぎる「世界一」

世界一に出会えたせいか、世界一の日はついにやってきた。

世界のビールの審査会には大きく二つの流れがある。

一つは「ビール界のオリンピック」といわれるアメリカのワールド・ビア・カップ（WBC）に代表される大会である。WBCでは、ビールの「スタイル」を重視する。犬の品評会を詳しく知らないが、おそらく秋田犬なら理想的な秋田犬の姿があり、その理想にどこまで合致しているかが評価されるのだろう。同じようにビールもペールエールなら理想的なペールエールをきちんと言葉で定義し、どこまで合致しているかを評価軸とする。

もう一つは、「ビール界のオスカー」と呼ばれるイギリスのインターナショナル・ブルーイングアワーズ（IBA）を頂点とした品評会で、スタイルをほとんど意識せず、それぞれのビールがオンリーワンのものとしてどれだけお客様に価値あるものかを絶対評価する。型がないだけに、こちらの方が審査としては難しく感じる。実際、議論が長時間に及ぶことが多い。

角屋は、少しずつビールの品質を高めるよう努め、2000年に日本の大会で金賞、そして03年にはついに世界四大大会の一角の豪州のオーストラリアン・インターナショナル・ビア・アワーズ（AIBA）で金賞を受賞した。AIBAは日本のインターナショナル・ビアカップ（IBC）、米国のWBC、英国のIBAと並ぶ世界四大ビアコンテストの一角だ。AIBAの金賞は日本企業では初めての快挙だった。

悲しいことに、会社にお金の余裕がなかったので授賞式に私は行けず、社員も派遣することはできなかったが、私は有頂天になっていた。国際的な舞台で認知され、伊勢市庁舎で記者会見まで開き、地元紙にもその快挙が掲載された。起死回生の一発であった「世界一のビールの座」を手に入れたことで、これからどんどん売り上げが伸びていくぞと自信満々だったのだ。

だが……恐ろしいくらいに何も変化が起きなかった。うんともすんともいわないとはこういうことかというくらい、注文がまったく増えなかった。長い暗黒の時代から脱するためにひたすら世界一になることだけに賭けてきた私は打ちひしがれ、絶望の淵に突き落とされていく。ここで私は、自分が大きくズレていたことにようやく気がつかされるのであった。

考えてみれば、当然だろう。ＡＩＢＡと聞いたところで、クラフトビール業界以外の人はほとんど知らない。オリンピックやサッカーワールドカップならまだしも、ＡＩＢＡで金賞をとったところで、１０００人にひとりも意味を理解できないだろう。ビールに世界大会があることすら知らないにちがいない。消費者にしてみれば、「金賞？　だから？」の世界に過ぎないのである。優勝すればお客さんが自分たちのビールを買ってくれるという考え方自体が完全に間違っていたが、当時の私は「なんで世界一のビールが売れないんだ？」と頭を抱えていた。

失敗しまくるが勝ち

ここまで見てきてわかるように、私の起業後の人生は失敗の連続だ。少し立ち止まればわかったのかもしれないが、やってみて失敗しないと理解できない。実感が伴わないと体得できないのだろう。それが私の性分だ。失敗したくて失敗するわけではなく、失敗しなくてよいならどれほど幸せかと思うが、これだけはどうにもならない。そもそも成功か失敗かなんて、前もってわかるわけがないではないか。

レストラン事業での手痛い失敗については先に見たとおりだが、ビールの小売りでもいくつも失敗をしでかしている。創業したものの軌道に乗らないある日、50万円分の注文がきたことがある。新規のお客さんだったが、１０００円の支払いにも苦しんでいた時代だけに、大口の取引で嬉しくて嬉しくて、すぐに商品を送った。ただ、商品を発送したのに、待てど暮らせど代金が支払われない。おかしいなと思って、血気盛んだった私は「ふざけるな」と商品を発送した事務所に乗り込んでいった。そうしたら、そこにいた方々は明らかに「怖い筋」の方たち。明らかに代金を支払う気がなく、取り込み詐欺にひっかかったかと、呆然としていたら、「兄ちゃん、こんないい加減な商売していたらダメだよ。会社潰れちゃうよ」と説教される始末。交渉したものの、結局、ほとんど払って貰えなかった。

この話を今の社員に話したら「取引が初めてで大口でしたら、普通、先払いでもらいませんか？」と不思議そうに聞かれて私は何も言い返せなかった。確かにそうである。今でこそ、社員の若さや甘さが目についていろいろ助言するけれど、当時の自分は彼ら以上に周りが見えていなかった。

行動して、失敗して学ぶ。その繰り返しで生きてきた。それでもめげずに、一歩踏み出すのが私の強みだろう。大学時代、空手部に最後まで残った同期３人を先輩がこう評したことがある。ひとりは石橋を叩いて渡るタイプ、もうひとりは脇から見ていて、危ないと叫ぶタイプ、そして私は、石橋があっても気づかずにそのまま川に飛び込むタイプ。何も考えずにとにかく飛び込むから、気づくとずぶ濡れだが経験値だけは上がる。

またまた余談だが、大学時代にすでに、人がお金を払ってもなかなか体験できないような大きな失敗をしでかしている。ある日の夕方、母親のお下がりの自動車に乗って走行していた。西日で標識が見えづらい状況だったせいか、なぜか気づいたら、一方通行を逆走していて、「あっ、やばい」と思ったものの、時すでに遅し。前方から走ってきた車とすれ違いざまに接触して、先方の車を傷つけてしまった。「しまったなー」と車から降りると、向こうから強面の人が何人か降りてくる。強面どころか、明らかにカタギではない。とりあえず、警察に電話しなくてはと、携帯電話もない時代なので近くのお店で電話を借りようと入ったら、「うちは関わりたくないからね。あなたが勝手にやってね」と言われて心細いことこの上なし……。

こちらも怖くてたまらないわけだが、自ら逆走した手前、どうすることもできない。警察がきたらきたで、強面集団を確認するや無線でやり取りを始めて、応援部隊が次から次にくる。「オレがぶつけてしまった人はいったい誰なんだ」と先方に名刺をもらったら、確実に「そっち系」の人であった。それも、東北でも有数の大物が乗っていたらしい。

とはいえ、私が全面的に悪いから、翌日、謝りに行くことにした。もちろん、怖くないわけがない。友人に「3時間経って帰ってこなかったら、オレを探しに来てくれ」と言付けして行ったくらいだから、身の危険を感じていたのだろう。空手も鉄砲には勝てない。じっと手を見て、小指が無くなると拳が握れるだろうかと考えもした。手ぶらで行くのも失礼なので、一升瓶を持って、道がわからなかったので交番で場所を聞いたら、警察官に不思議な顔をされた。「何しに行くの？」と心配されて、理由を説明して「謝りに行きます」と答えたら、苦笑していた。

いざ、着いて用件を伝えたら、応対に出た人は敵対心丸出しで、「ああ、オレ、帰れないのかな」という思いが再び頭をよぎる展開に絶望したが、どこやらに電話を入れた途端にその人は態度を急変させた。「あなたは客分だ」と扱いが丁重になり、去り際には「うちの世界もこれからは学歴が重要だから、よかったらうちにこないか」とスカウトされたのを思い出す。「僕は実家の餅屋を継ぎますので」と丁重にお断りしたけれども、人生の分かれ道だったのかもしれない。

必死にやっていると救世主が現れる

一方通行を逆走さえしてしまう、せっかちな私だが、不思議と人に助けられてきた。世界大会で優勝しながらもまったく注文が増えない状況を打破するきっかけをつくってくれたのは、元岡健二さんだ。

元岡さんは、都市銀行、ホテルマン、大手の豚カツチェーン店社長などを経て、家庭料理レストランチェーンの「ティア」を展開している（本店は熊本にあり、「もったいない食堂」などで身体に適した食事を推進しておられる）。知り合いの紹介で会食の機会をいただき、ビール事業の悩みを打ち明けたら、伊勢にいらしていただけることになった。あまりにも情けなくて放っておけなかったらしい。

驚くことに、事務所に到着して30分後に、私はお叱りを受けていた。レストランに案内する際に「空き缶が視界のすみに入りながら、拾いにいかなかった」と雷を落とされ、それから深夜に至るまで、13時間連続で怒られた。一日の半分以上だ。もちろん、こんなに人に怒られ続けたことは初めてだし、それ以降もない。人間ってこんなに怒れるのかと元岡さんのエネルギーにただただ頭が下がった。私がそれだけ経営者としてダメな証だろうし、そんな私にも真摯に向き合ってくれる元岡さんには、ひたすら頭が下がる思いがした。

当初から、元岡さんは私の混乱ぶりを見抜いていたのだろう。事務所の机を見るや、引き出しをガッと引いて、「鈴木さん、あなた、人はすごくいいけど、経営者としては最悪だよ。机の上は綺麗だけど、引き出しの中はごちゃごちゃじゃない。あなたの頭の中だよ、これが。あなたの頭が整理されていないとなったら、会社がうまくいくわけがないでしょう」と。こんな調子で13時間が過ぎ、さすがに「ミスター自信家」の私も打ちひしがれた。ただ、藁にもすがる思いだったので、元岡さんに言われたことや関連することは全て調べ、取り入れた。

元岡さんには経営のイロハを一から教わったが、「MGでもやってみれば？」の一語が大きく私の意識を変えることになった。MG（マネジメントゲーム）はソニー創業者の井深大さんの秘書だった西順一郎さんが開発したボードゲームで、経営者としての考え方や数字の見方を理解するのにとても役立った。

MGは経営を疑似体験できるゲームで（mg-online で検索できれば参加も簡単だ）、5、6人でひとつのボードを囲む。参加者一人ひとりが経営者としてプレーし、他の参加者をライバル会社と想定する。1期（1年）ごとに決算を行い、貸借対照表や損益計算書などの財務諸表を作成する。基本的に2日で5期を競い、その時点で利益を最も上げることを目的とするが、勝ち負けはない。

販売力を高めるために何をするかを考えて進める。投資をするのか、人を採用するのか、製品を販売するのか。参加者がそれぞれ順番に手を打つ。そこにプレイヤーの経営戦略があらわれるのだ。

「たかがゲーム」と思われるかもしれないが、ソフトバンクグループの孫正義社長は「実際の事業の重要なキーファクターについて、これほど要素が取り入れられているゲームを僕は見たことがない」と絶賛し、幹部や社員研修にも推奨している。孫さん自身もＭＧには強いそうだ。

私もこのゲームをやることで、経営者の視点がめばえ、自分の会社の課題が見えてきた。ビールの品評会の審査員をやることで、自社のビールに何が足りないのかが見えたのと同じだ。例えば、原価をどの程度下げれば利益が安定して生み出せるかといったことを数字ではじき出すことで事前に熟考でき、無駄な方向に力を注ぐことが減っていった。

「マーケティング」にやっと気づく

これを読んでいる方々は「経営者なのにそんなことも考えてなかったのか」と驚かれるだろうが、そうなのだ。恐ろしいことに私はまったく考えてなかったのだ。

生産量が増えていく場合、人件費は大きくは増えないが、瓶代は生産量に比例して増える。経費が固定費なのか、それとも直接原価にかかわるものなのかも理解していなかったから、適正な原価の計算さえまともにできるわけがない。元岡さんが指摘していた通りで、ぐちゃぐちゃな机の中同様に、数字の管理がまったく把握できていなかったのだ。

もちろん、マーケティングの概念などひとかけらも持ち合わせていなかった。良い物をつくれば売れると頑なに信じていたから、「世界一なのになんで売れないんだ」と世の中のせいにしていた。だが、私の最大の無能は、顧客が何を求めているのかを考えていなかった点だろう。世界一になれば売れる——それしかなかったのだから。

当時からビールをイベントで売って欲しいという声もあったので、MGを始めてからはイベントに出店してはお客さんの声に耳をかたむけた。伊勢内宮前のおかげ横丁で年越しとなるとビールを注ぐ。晦日の夕方まで仕事して、それから、サーバーを設置して、ひとりで夜通しで朝の9時まで売り続ける。指先がかじかんでおつりを握れず、お客さんに散らばった小銭を取っていただいたのも、申し訳ないながら懐かしい思い出だ。この程度のことは自分でやろうという気持ちで率先していたが、正月は観光客が多く訪れるだけにお客さんの意見を直接聞く絶好のチャンスでもあった。

そこで改めて気づかされた。伊勢を訪れる観光客は私たちが世界大会を優勝していようがいまいが、どうでもいいのだ。「500ミリリットルの瓶は持ち運びが不便だし、重い」「ビンのラベルをみても、伊勢とわからない」「せっかく伊勢にきたのに」という声が多かった。「ああ、そうなのか」と初めて納得した。当時は、売れるために自分なりにいろいろ考えたが、今考えると恥ずかしいくらいに無駄な努力をしていた。例えば、「私に腕相撲で勝ったらビール一杯、無料！　女性は二人がかりでいいよ！　さあ来い！」とか。私が空手部で鍛えていたこともあり、腕相撲はバカみたいに強く加減ができるから成り立ったサービスで、従業員には「お客さんに怪我をさせかねないから、絶対にやるな」ときつく言いつけてはいた。

とはいえ、そもそもが完全に的外れだ。心配すべきは腕相撲で怪我をさせることではなく、本当にお客さんが何を求めているかを気遣うことのはずなのに、そうした発想がまったくなかった。伊勢の観光客は、年間850万人で、そのうち宿泊するのは55万人（平成30年、伊勢市調べ。神宮の外国人参拝客は年間10万人。訪日旅行客数は前年比8・7%増の約3120万人〉だ。内宮外宮で歩き回る参拝目当ての日帰り客に、重いビンのクラフトビールを売ることと自体が間違いだということに目を向けられなかったのだ。伊勢に来る人は、私と腕相撲をしたいのではなく、参拝した体験を強化する何かを求めているのだ。

ブランドを2つに分ける

そういった「見る目」が身に付くと世界は変わってくる。

筋金入りのクラフトビールファンは味に徹底的にこだわった逸品を求めるが、そうした日帰りの層はそもそもの絶対数が少ない。当時は第二次クラフトビールブームの足音さえまだ聞こえていなかった。一般のお客さんが気軽に楽しめて、お土産にもできるようなビールが必要ならば、それは別に開発しなくてはいけない。それまではビール愛好家にも一般的な観光客にも、両方に訴求するビールをつくろうとしていたが、それは不可能であり、結局は誰も満足しないビールになってしまう。

そこで04年に、ビール愛好家向けの製品と観光向けの製品の2つにブランドを分けた。本物志向の愛好家向けには、自社でつくり「伊勢角屋麦酒」のブランドで、観光客向けにはお土産ビールとして、味も取っつきやすく、価格も抑え、角屋のレシピでの委託製造とする形にした。あえていうなら「神都麦酒（しんとビール）シリーズ」だろうか。凝りもせずにこの頃、伊勢内宮前の門前町、おはらい町にビールと牡蠣の店を開いたのは、観光客を意識してのことだ。

委託醸造ビールは、伊勢志摩の古代米を副原料として投入したアメリカンペールエールの「神都麦酒」から始めた。これは明治時代に伊勢で売られた幻のビール「神都麦酒」を復刻したものだ。神都麦酒は明治20年頃に、伊勢国山田河崎町（現在の伊勢市河崎）にあった川七（西田七左衛門）という材木商が製造していたらしい。「らしい」というのは資料がほとんど残っておらず、ごく一部の当時のラベルが残っているに過ぎないからだ。

明治の初頭は日本中でビールがつくり始められた時で、全国に約２００社のビール醸造業社があったといわれている。ただ、その多くが短命のうちにビール事業から撤退しており、神都麦酒もごくわずかな期間しか製造していなかったらしい。そのため、伊勢の郷土史家の間でも幻のビールがあった「らしい」、という程度にしか伝わっていない。クラフトビールのゼロ次ブームということかもしれない。戦後、日本国内に自動車メーカーは数十社、オートバイメーカーは数百社できて、淘汰（とうた）を経て今の状況に落ち着いたように、当時はビールメーカーも数多く生まれ、淘汰と集約をくり返し、次第に今につづく四大メーカーに集約された。車ほど知られていないが、ビール製造にも歴史あり、だ。

07年には、ホップの特徴が比較的穏やかな、軽めのブラウンエール「熊野古道麦酒」を発売した。熊野古道が世界遺産に登録されたこともあり、伊勢で飲むのは縁起が良いという方もいらして、観光客の間で大人気となった。

誤解がないように加えておくと、品質が二の次だなどといっているわけではない。メーカーとして品質は何よりも重視すべき要素である。ただ、品質が良ければ経営がうまくいくわけではない。特にクラフトビール文化が普及していない日本で、尖ったビールを「どうだ、オレのビールは！」と市場に問うたところで、買ってくれる人はしれている。世界一になっても売れない事態に直面してようやく気づけたという意味でも、世界一を目指した甲斐があった。あの経験があったからこそ、今の私はある。加えて、失敗に気づき、方針の大転換を迅速にできたのは、しっかりと醸造技術や品質を育んできたからにほかならない。外部委託のビールの売り上げが大幅に伸び、05年には販売量が倍増した。異なるターゲットにそれぞれ合致する商品を供給することで、会社運営に必要なキャッシュが生み出されたことはビール愛好者向けの「伊勢角屋麦酒」ブランドの充実にもつながった。キャッシュを開発に振り向け、より品質の高い製品を供給することが可能になるサイクルが生まれたのだ。

29歳で開業した私はその時36歳。やっとこの頃に、経営者としての第一歩を踏み出せた手応えがあった。委託ビールの成功で、私はようやく従業員より高い給料を、自分に払えるようになったのだ。

3章　ビール・サイエンスラボを目指す

研究開発型ブルワリーへ

ビールが出来上がるまでをここで詳しく説明しておこう。

ビールの主な原料は、麦芽、ホップ、酵母、水の４つだ。

香りを出すための副原料はあるものの、４つの原料の種類と配合、そして製法を工夫することで、ブルワーは自分が脳裏に描いたビールの味を表現する。それこそ、組みあわせは無限にあり、ビールの味わいがどのようになるかは、職人の勘と経験に託されることになる。

ビール造りは製造業だが、そうなると、ある種の芸術家のような素養も必要だ。どのようなビールをつくりたいか、料理と同じでイメージするのが大切なのだ。とはいえ、ビール造りは何も、白いキャンバスに一から絵を描くような才能を造り手に要求することはない。芸術家的な要素を求められながらも、科学的なアプローチで一定の味に到達できるのが、ビール造りのおもしろいところだ。

ビールの工程は、麦汁の仕込み、発酵、貯酒（ちょしゅ）などに大きく分けられる。

麦汁を仕込むには、まず、細かく砕いた麦芽を温水と混ぜ合わせる。適度な温度で、適当な時間保つと、麦芽の酵素の働きで、デンプン質は糖分に変わっていき、「麦汁」といわれる糖化液の状態になる。これを濾過してホップを加え、煮沸する。ホップはビールの特徴となる苦味と香りをつけると同時に、麦汁中のタンパク質を凝固分離させ、液を澄ませる役割も担う。

麦汁の仕込み工程で味の土台がつくられ、これに酵母を加えて発酵タンクに入れる。約1週間のうちに微生物の酵母の働きで、麦汁中の糖分を食べられる分だけ食べてもらい、アルコールと炭酸ガスに分解する。これは「若ビール」と呼ばれ、数週間、寝かせることで調和のとれたビールの味と香りが生まれる。角屋ではしないが、この後濾過する場合もある。

ビールの品質を決める要素はいくつもある。

1　ホップ

苦みと香りを与えるホップはビールのために生産されているとも言える植物だ。苦みを出すのに使うホップや香り付けに適したホップを組みあわせて使って工夫を重ねることが多い。狙った品質を実現するために、ホップの香りや味を思い浮かべ、選び分けるのだ。

2　水

水も重要だ。かつては土地の水質がそのままビールの個性になって現れた。アメリカや日本で好まれる「ピルスナー」はのどごしがすっきりした味わいで知られるが、発祥の地であるチェコのピルゼンの水が軟水だったことが大きい。ミネラルや重炭酸塩が少ないため、ホップが強めであっさりしたピルスナーに向いていたのだ。

現代は水処理技術の発達で水の硬度は変えられるが、日本の水も軟水なので、ピルスナービールの生産にはもともと向いている土壌だ。

3　酵母

ホップ、水が重要であることは理解してもらえただろうが、ビール造りの主役は酵母だ。これだけは譲れない。

多くの人には馴染みがないだろうが、ビール酵母は、大きさが5ミクロンから10ミクロン（1000分の5ミリメートルから1000分の10ミリメートル）で楕円形（または球形）の単細胞だ。細胞に核があり、そこに染色体を持つ真核生物で、これはヒトと同じだ。ビール酵母は高等生物ともいえよう。私が社員に「酵母は偉いんだぞ」と冗談交じりにいっているのも、こうした背景がある。

装置で決まる産業としての側面が大きいので、マニュアル通りやれば、本来は誰もが70点ぐらいのビールはつくれる（角屋の詳細を知りたい方は巻末にまとめたので参照して欲しい）。

これは料理と似ているところがあるかもしれない。志摩観光ホテルの伝説的な総料理長である高橋忠之さんの言葉が私にとっては印象的だ。「僕の料理は凄いと、いろいろ褒められるけど、料理は時間と分量と温度を間違えなければ誰でもできる。科学の実験だよ」。そして、「心のこもったまずい料理ほど迷惑なものはないからね」ともおっしゃっていた。家庭料理ならいざ知らず、プロがお金を取るには必要な覚悟だと思う。

ビールも同じだ。大手ビールメーカーだろうがクラフトビールメーカーだろうが、技術の根幹は変わらない。メディアには「ブルワーの30年の経験や勘で生まれた新商品」といった宣伝文句で打ち出されていることもあるが、経験や勘だけではビールはつくれない。舞台裏では極めて科学的なアプローチをしているし、それがなければ市場で戦えるビールは実現しない。だが、ビールは工業製品ではないため、マニュアル通りやったからといって狙った味はできない。機械はつくりたいビールのイメージを抱けないし、微妙な調整こそがブルワーの腕のみせどころだ。

例えば、料理でいえば味の決め手となるのが、麦芽と湯を加熱してつくる「麦汁」だ。ある一定の温度帯で麦芽の中のデンプンは糖に変わるが、デンプンをどのぐらいの温度と時間で分解するかでボディー感（味の濃淡）が左右されるし、温度調節次第で甘くもなる。

また、出来た麦汁にホップを入れるタイミングや順番も重要だ。ホップは料理で言えば調味料のような存在だが、種類や量はもちろん、投入するタイミングで香りや苦みが変わってくる。もちろん、どのような酵母を使い発酵させるかが重要であることはいうまでもない。

角屋では世界中からホップや酵母を取り寄せて、会社に常時ストックしている。２０１９年３月末現在で麦芽34種類、ホップ55種類、酵母15種類だ。イメージする味を実現するためにこれらを組みあわせて使っていく。試験設備を揃え、酵母ごとの個性や働きを観察し、データ化してもいる。また、島津製作所と共同でビールの香気(こうき)成分（鼻で感じる香りの成分）の網羅的解析データをまとめて、品質の改良に活かしている。数年前に始めたばかりだが、「プラチナドラゴン」や「ステイゴールド」など、既に成果がビールの新商品としていくつか出ている。

ビールの「スタイル」を追究していく

ビールにはホップや麦芽の種類や発酵の仕方の違いで115のスタイルがある（19年版、全米醸造組合のデータ、その下に細かくサブスタイルがある）。

大きく分けると低温で発酵する「下面発酵」という製法でつくられるラガーと、常温で発酵する「上面発酵」のエールの2種類だ。上面発酵は15～25度の温度帯で発酵し、発酵中に菌体が液の表面に浮かんでくる。一方、下面発酵は10度以下の温度で発酵し、菌体が発酵タンクの下部に沈む傾向にある。ただし、これは大手のビール造りでの平均的な温度帯で、クラフトビールの場合は、上面発酵ではもっと高温に持って行くこともあり、下面発酵では10度以下に限らず、8～13度、時に20度のものまで、バリエーションがある。つくりたい内容次第で、なんでもありなのだ。

日本の大手ビール会社はラガービールの「ピルスナー」という1種類だけをこれまでは主につくってきた。大手が重点的につくってきたからこの「ピルスナー」が日本では圧倒的に人気になっている。テレビCMでも「のどごし」を強調しているように、さわやかな味わいが特徴だ。ビールというと、冷えた生をゴクゴクと、というイメージが強いのではないだろうか。ちなみに私は、ビールの審査会で、このピルスナーを歴史上はじめて作った会社ピルスナーウルケルの醸造長と同じテーブルで審査員を務めたことがある。50前後の、多弁ではないが気さくな男性だった。１８４２年から生産を行っており、ラガースタイルの醸造方法を築き、ピルスナーを世界で初めて完成させた世界屈指のチェコの老舗メーカーだ。今はさらに洗練されたピルスナーがほかに登場しているが、逆に今も当初の味を守り続けることで個性にしている。

一方、エールはラガーに比べると、重く、色も濃いが香りは華やかだ。代表的なのはイギリスで生まれ、アメリカで大きく花開いた「ペールエール」。世界中のクラフトビールファンに愛されている、大麦やホップの香りが強くフルーティーな味わいだ。

画一的なビール市場に対して、もっと多様で豊かなビールがあることを提案するのが私たちクラフトビールメーカーであり、役割だろう。ローストした大麦を多用した「スタウト」や小麦を原料とするクリーミーな味わいの「ヴァイツェン」など、色や香りの個性豊かなビールが世界には存在する。この味の多様性こそが、昨今のクラフトビールの人気の理由だ。様々なアルコール飲料を飲めるようになり、ビールにも均一ではなく多様な味わいを求められている。

つくる立場から言えば、誰もが、最初から思い描いていたようなビールをつくれるわけではない。そもそも知識がないので、私の場合は文献を片っ端から読んで勉強した。わからないところを突き詰めていこうとしたら、論文を読み始め、自ら博士論文を書くところまでいきついていた。なんでもやりすぎる結果なので異例かもしれないが、ビール事業の立ち上げ当時は、市販のクラフトビールを飲み比べても、香りの違いはわかってもその理由まではわからなかった。

「エステル（発酵中にできる揮発性の味わい。フルーティーな香り）とはこういう傾向か」、「ホップの香気成分のゲラニオール（バラのような香り成分）とはこういう感じなのか」という感覚的な気づきから最初は始まった。その手探りの状態でも専門的な知識が少しずつついてくると、仮説を立てられるようになってくる。香りを変えるにはこうすればいいのではないか、などと次第に理詰めでビール造りを進められるのだ。

やることとは、ＰＤＣＡ（計画、実行、評価、改善）を回すことだ。ビールへの愛情や職人的な勘、芸術家の要素も必要だが、科学的な視点がなければ味に再現性が生まれず、おいしいビールにはならない。逆に徹底すればある程度のレベルのものはつくれるのだ。

島津製作所のデータを基にして最近開発した「プラチナドラゴン」では、ビールに残存するアミノ酸量に注目した。ビール中のアミノ酸はビールのコクや深みになる一方で、多すぎるとビールが重くなり、キレが悪くなる。このアミノ酸の量を調整するために、ビールの仕込み工程でタンパク質の分解を抑えた。これで、従来よりキレの良いビールができた。

他にも、新種のビールでは、東京農業大学花酵母研究会所有の花酵母を使用した「花酵母シリーズ」は、それぞれの香気特性を基にしている。日本の花から採取分離した野生の酵母だ。最近では「たんぽぽゴールドＩＰＡ」「ローズレッドエール」を出し、おもしろがってもらえた。全部で12種類を出している。13種類目のコスモスを仕込み中だ。

クラフトビール造りの醍醐味は何度でも失敗できること

他のアルコール類と比較すれば、ビールの醸造はわかりやすいだろう。日本酒に比べると、ビールは圧倒的につくりやすい。日本酒が糖化と発酵を同時並行的に行う「並行複発酵」であるのに対して、ビールは糖化を初めに行い、その後発酵を行う「単行複発酵」であることが大きい。

発酵とは、微生物、主には酵母が自ら生きていくためのエネルギーを得るために、糖分を分解して、より小さな有機物をつくる現象のことである。この時できてくるのがエチルアルコールならアルコール発酵、乳酸なら乳酸発酵、酢酸なら酢酸発酵などと便宜的に呼んでいる。したがって、清酒だろうがワインだろうがビールだろうが、酵母が糖分を分解してエチルアルコールをつくるという点ではまったく同じなのだ。

では何が違うのか。決定的な違いは、糖分のもとになるものだ。例えば清酒なら、糖分の原料は米である。ただし、酵母はお米の中の糖分をそのままでは分解できない。お米の中の糖分であるデンプンは非常に大きな構造をしていて、酵母は大きすぎてこの分子を食べることができないからだ。そこで、清酒造りでは、麹（こうじ）という一種のカビの力を借りてこのデンプンを酵母が食べられる大きさに小さくする。この作業を糖化という。そしてこの小さくなった糖分を酵母が食べてアルコールと炭酸ガスに変え、清酒ができあがる。

清酒造りではこの糖化と発酵を一部同時並行的に行う。つまり、デンプンを分解してできた糖分をできたそばから酵母に食べさせるのだ。これが「並行複発酵」である。なぜそうするかは、浸透圧を上げ過ぎないため、といえばわかるだろうか。これがワインだと糖分の原料はブドウである。ブドウの中の糖分は、既に酵母が食べられる大きさのものなので、簡単にいうとブドウを潰せば、酵母がその糖分を食べてワインに変えてくれる。これは、「単行単発酵」という。

ビールにおいては酵母が食べる糖分の原料は、「麦芽」つまり麦の芽が出たもので、「モルト」と呼ばれるものだ。麦芽の中の糖分は清酒と同じでデンプンなので、このままでは酵母は食べることができない。清酒では麹の力を借りてデンプンを分解するが、ビールでは麦芽の中にある糖化酵素の力でデンプンを糖分に分解する。これを酵母が食べることでビールはできあがる。これが「単行複発酵」である。もちろん、ビールの場合は途中でホップを加えて、苦味と香りを加える。

つまり、ビールの場合は、清酒のように糖化と発酵を同時に行わないため、一つずつの工程を数値化しやすい。そして、寒仕込みが主流である日本酒の醸造に対して、ビールは年中醸造できる「四季醸造」である。ワインや蒸留酒のように長い熟成期間は必要なく、仕込んでから結果が出るまでが早い。

また「ワイン造りは農業」とまで言われるワインと違い、ビールは、出来不出来が天候に左右されることもない。こうした特徴から、方法論さえ間違わなければ、3年のうちに、品質で世界トップになることも可能になるのだ。私の場合、紆余曲折があり6年かかったが。

研究を深めるにしても、ビールは世界で広く飲まれているため、圧倒的に情報量が多い。これも清酒と比べるとわかりやすい。清酒が日本中心の文献なのに対して、ビールは世界中で研究されている。文献が山ほどあり、勉強しようと思えばいくらでもできる。また、清酒村は隣の蔵が何をやっているかわからないぐらいで、その点我が道を行く、だとも聞くが、クラフトビールは醸造所同士がお互いに工場を見学したり、情報交換したりと交流が活発だ。

全てを機械任せにはできないし、言葉で言うほど簡単ではないが、他のお酒に比べれば、ビールは狙ったものをつくりやすいことがわかるだろう。

2位じゃ、やっぱりダメなんです

同業者に「角屋さんはなぜそんなに大会で賞を取れるんですか」と聞かれることもあるが、極意はシンプルだ。それは賞を狙っているからであり、賞を取るためのアプローチを徹底しているからだ。

何よりもまず狙う目標をしっかり見定めなければならない。私にとっての目標設定は、繰り返しになるが、品評会での世界一である。ほかのクラフトビールメーカーがどういった目標設定をしているのか、私は知らないが、1990年代の地ビールの黎明期は「もっと美味しくしたいんですけど、どうしたらいいんでしょうね」といった声をよく聞いた。気持ちはわかるが、それは単なる願望で目的ではない。それだけでは一歩も具体的に踏み出せないのは、ビール造りをしたことがない方でも想像していただけるだろう。

だから、私は社員にも「1、2、3……ではない。1位とそれ以外というのが世の中なんだぞ。2位ってことはまだ変える余地があるってことだぞ」と、ことあるごとに伝えている。どこかの政治家に聞かれても「2位じゃ、やっぱりダメなんです」ときっぱり答えるだろう。最初は社員も冗談に受け止めていたかもしれないが、金メダル以外のメダルに対する社内でのぞんざいな扱いを目の当たりにして、真剣に受け止めてくれるようになってきた。

目標が定まれば、あとはいつものＰＤＣＡだ。90年代のクラフトビールメーカーが品質を高められなかった原因のひとつがここにある。売れないからつくる数が少なく、つくる数が少ないから経験値もあがらない。卵が先か鶏が先かの話になってしまうが、多くのメーカーが悪循環に陥り、打つ手がなかったのが当時の状況だ。

発酵業で大切なのは、製造に必要なシステムを最初から大きくつくらないことだ。年間に同じ量をつくる場合でも、設備が小さければ稼働させる回数が多くなり、経験値が貯められる。大きいシステムでは月に1回、年12回しか全体のサイクルを回せないが、これが、週3回、4回となれば2、3年経ったときのノウハウの蓄積には大きな差がつく。

経験を生かして、原因の解明をどう行うかが次の課題だ。

ビール造りで思うような香りや味わいが実現できなかったときに、ブルワーはいくつも原因を考える。通常の職人ならば、5つか6つ思いつくだろう。とはいえ、思い当たる原因を全部変えたら、何が原因なのか分からない。

これまでの経験や蓄積したデータをもとに因果関係をはっきりさせるわけだが、それらがなければひとつずつ探るしかない。

特に、製造工程がシンプルなだけにトライアンドエラーが多い方がゴールには近づける。

自分たちの考える美味しさとは何なのか。そこに近づけるためには、現状のどこを変えればいいのか。そして、そのためには、何を引き、何を足せば良いのか。その中のもっともプライオリティーの高いものは何で、それを実現するためにどういう仮説を立てるのか。そこまで行ってはじめてブルワーは、ＰＤＣＡサイクルのＰができるのである。

細かく考えるとこうだ。ビールをつくり始めたときに指摘された「ダイアセチル、ＤＭＳ、殺菌剤のようなにおい、酸化」への対処も同じだった。

ダイアセチルの発生の多くは、酵母が代謝の途中でつくる乳酸系の物質を一部体外に放出し、それが構造変化してできる。このダイアセチルが一定以上あると、俗にバタースコッチといわれる香りがビールについてしまう。これをなくすには、ダイアセチルレストという、栄養源が枯渇した酵母にこのダイアセチルをもう一度食べさせる工程を取るのが一般的だ。丁寧に繰り返すことで問題を解決していった。

ＤＭＳは、主に煮沸不足によっておこる。麦汁を造る際の煮沸の目的の一つはＤＭＳの原因の物質を揮発させることだ。これが緩慢だと麦汁中に残った原因物質が後々ビールの中でＤＭＳとなり、生臭さが残る。伊勢角屋麦酒神久工場では、煮沸中は煮沸釜に終始つきっきりで、吹きこぼれる寸前まで煮沸強度を上げ、煮沸釜の蓋も開けっ放しにする。それが、現場が試行錯誤する中で確立されたＤＭＳ対策だ。

殺菌剤のようなにおいは、当時使っていたヨウ素系の殺菌剤が原因だろうと、殺菌剤を数多く変えて対応した。

酸化は、瓶詰め中に空気を巻き込むことが原因だ。これは、高価な瓶詰め機を買うのが最高の方法だが、当時の角屋にそんな余裕はなく、あれこれ考えた挙句、酵母自身が持つ強力な還元力に頼ることにした。酵母は、発酵には酸素を使わないが、酸素があれば酸素を使って呼吸もしてくれる。それを利用したのだ。

こうした作業は、そもそもその原因が何であるのかを考え、調べ、そして対策を実行するしかない。ＰＤＣＡを回して回して、気が遠くなるほど回し続けて完成していくしか方法はない。オフフレーバーをなくすことと並行して、更にオフフレーバーを一切感じなくなった後も、長い間、世界で金賞を取れるビール造りへのＰＤＣＡのサイクルを回し続けた。

こう細分化して考えていけば、世界一になるという目標設定は非常に簡単である。そうなると何回、短期間で回せるかが品質向上のスピードを決める。ビールを完成させるには失敗の数がモノをいう世界なのだ。失敗とは、おいしくないビールができる方法を知るということだ。数多く身につけておけば、必ず役に立つ。つまり、その時の自社のビールが世界一でないなら、その時の世界一のビールと比べて、何が負けているのか何が勝っているのかを分析し、改善できる余地を探るのだ。ゴールまでの道のりを直線に直してから、そこを進んでいけばいい。

金賞という目標を定め、ひたすら繰り返す作業は、まるで薄い紙を一枚ずつ積んでいくようで、一日単位では成果がわからない。気の遠くなるような改善作業をくり返し、1年、2年してから振り返ると、大きな成長が年輪のように刻まれてきたと気が付く。だが、それこそがモノづくりの醍醐味でもある。

残念ながら、このやり方には大きな落とし穴がある。私も一時期それにはまった。つまり、この方法はあくまで他社と比べて1位を目指すものなだけに、自分たちが1位になってしまった瞬間に目標を見失うのである。２００３年にＡＩＢＡで金賞を取った後、私はペールエールを次にどこにもっていったらいいのか皆目見当がつかなくなった。

4章　無限の酵母愛を胸に

発酵によるはかり知れない恩恵

「菌塚（きんづか）」と呼ばれる微生物のお墓が京都市左京区の曼殊院門跡にある。微生物を利用した食品や薬が研究、製造される過程で何億という無数の菌類が「非業の最期」をとげている。その弔いのため１９８１（昭和56）年に建立されたそうだ。ビールを飲む人はお世話になっているわけだが、ご存知だろうか。私たちは微生物から恩恵を受ける一方で、その存在が見えないからか、彼らの働きにあまりにも無自覚だ。

人類による「発酵の発見」は、１万２０００年前にさかのぼるともいわれる。もし、発酵を知らなかったら、味噌汁も、納豆も、醬油や酢やみりんも、漬物も私たちは享受してない。パン、チーズ、ヨーグルトもないし、酒類もまったく存在しない。

発酵を定義すると「細菌、カビ、酵母といった微生物やその酵素が、有用物質を生み出す作用」となる。有用物質とは、クエン酸、酢酸などの有機酸、アルコール、糖、アミノ酸、ビタミン類などだ。

「有用」を「有害」と置き換えれば、それは「腐敗」になる。発酵と腐敗では大違いだが、微生物の働きとしては同じだ。どちらも有機物の分子を分解して生態系の中を再び循環できる小さな分子にかえす、という役割を担っている。

どちらになるかは、主に微生物の種類による。目に見えないだけで、私たちを取り巻く世界には無数の微生物が存在している。その数も種類もまさに無数といってよいレベルだ。例えば、あなたがある日、インフルエンザに感染したなら、その数日から1週間ほど前にあなたが居た空間のどこかにインフルエンザのウイルスがいたはずであり、梅雨時に机の上に置いておいたパンにカビが生えてきたならば、空気中にカビの胞子が飛んでいたか、そのパンを触った人の手についていたのかのどちらかだ。放置していた牛乳が腐ってきたなら、腐敗菌がどこからか付いたのであり、もしヨーグルトになったのならば、乳酸菌が入ったのである。

環境中に微生物がいなければこうしたことは決して起こらないのは、今の人類にとっては自明に近い真理だが、実は、微生物の仕業だと人類が知ったのはつい最近のこと。それまでは「神の見えざる力」によって起こっているなどと考えられていた。

はじめて微生物が発見されたのは、17世紀の後半だ。商品の生地を丹念に確認するためにレンズを扱っていたオランダの商人、レーウェンフックが水の中にうごめくものを見つけたからであり、それが自然に発生するものでないことが判ったのは、パスツールが有名な白鳥の首フラスコの実験で、微生物がいなければ常温に肉汁を置いておいても永久に腐らないことを示してからである。

つまり、微生物の存在がわかるまでの長い長い人類の歴史の中で、人はどういった状況に食品を置くとどういった変化が起きるかを、経験的に習得していた。その主役が目に見えない微生物たちの営みであることには気が付かずに、だ。

例えば、大豆を蒸すか煮るかした後、わらでくるんでおくと大豆は腐ることなく、糸を引く納豆ができる。これを経験で知り、日本人は納豆をつくり食べるようになった。ワラについている納豆菌が働いているとは知らずにである。

果実をつぶしておいておくと時折、得も言われぬ美味しくて、そして飲むと気持ち良くなる液体に変わることも知った。果実の皮についていたワイン酵母が発酵しているとは知らずにである。そうして、大麦でつくった生焼のパンがたまたま水につかると、気持ちの良くなる飲み物に変わることを知った。こうしたことはどうやら人間が農業を始めるのとほぼ同時期に起こり始めたことが現在はわかってきている。古代エジプトやメソポタミアといった古代文明の遺跡から発掘された土器の内側にこびりついているごくごく微量の物質を解析したところ、その土器でアルコール発酵を行っていたとしか考えられない物質が検出され、このころからアルコールが飲まれていたことがわかってきている。土器表面の物質をレーザーでたたいて物質を気化させ、それをガスクロマトグラフィー・マススペクトロメトリーと言われる高性能な分析機器で分析し、炭素年代測定法で時代を推測した結果、判明したという。

例えばワインは、紀元前６０００年には、ジョージア（旧グルジア）でつくられていたそうだ。経験則で酵母の力を最大限に活かせる方法を、古代から人類は会得していたのである。興味深いことに、エジプトではピラミッド建設の労役の給料の一部はビールで支払われていた。これは象形文字の解読からわかったことらしい。

目に見えない命を食べて生きている

視点を日本に移しても同じだ。私の町、伊勢は言わずと知れた伊勢神宮（正式には何もつけない「神宮」）が鎮座する。意外と知られていないが、神宮では天照大御神様に捧げるお酒が、はるか悠久の昔からつくられてきた。宇治橋を渡り伊勢神宮内宮さんのご正宮に向かう参道の神楽殿を越えたすぐ先の左手に「御酒殿」という建物があり（外宮にもある）、この中で日々、大御神様に捧げる酒がつくられているという。

実際に何時から酒造りが行われているのかは定かではないが、相当に昔からであることは間違いなかろう。この酒の造り方は外部には一切秘されており、神職６００人ほどの中でもここに携わる数人だけに、口伝（くでん）でその醸造方法が伝えられるとか。悠久の昔から酵母は誰にも知られることなく、酒を醸してきたのである。

江戸の人たちもまた、酵母の存在を知らないままに、先祖代々受け継いできた知恵で酒をつくっていた。杜氏（とうじ）は、今は培養した酵母を買う場合が大半だが、昔は家や蔵に付いた酵母の力を利用した。蒸した米と麴と水を混ぜると、空気中の酵母が落下して入り、発酵する。それぞれの蔵や家に、酒の香りを高くする酵母や、漬物の味をすっぱくする乳酸菌などが住んでいると経験で知っていたわけだ。

今でも新しい蔵を建てたときなど、使うわけでもない古い道具を持ち運ぶことが酒蔵ではある。古い家に住み着いた酵母を新しい蔵に引っ越しさせるためだ。

酒をはじめ、味噌、醬油の醸造物は、微生物という目に見えない命によってつくられている。発酵食では、たった1グラムの中に1億以上の乳酸菌があり、とんでもない数の微生物の多様性が存在する。私たちは無数の命を食べて生きているのだ。

酵母を探すなら、虫になれ

地球上には無数の微生物が住み、土壌中、空気中、食品類、さらには人体にまで存在する。例えば、腸の中には膨大な数の細菌が暮らしており、摂取した食品を発酵させ、ビタミンなどを得ている。その数は100兆とか。人間は微生物に生かされているのみならず、微生物の中で生きていると言ってもいい。それも、驚くべきことに、地球上に存在する微生物の多くはまだその働きがブラックボックスの中にある。そうなると、どんな面白い酵母がいるのか。研究するとしたら、お宝だらけの宝探しのようなものだ。

だから、私は新たな酵母を求めて、時間があれば取りにいつでも出かける。酵母採りと聞くと難しく聞こえるかもしれないが、虫採りと同じだ。カブトムシがいそうなところに酵母はいる。花や腐った果物、木の樹液などに酵母は存在するので、探すにはまずにおいだ。酵母のにおいといわれても多くの人は首をひねるだろうが、カブトムシが生息するような森のにおいを想像してもらえばいい。あのにおいを追えば、酵母の住処(すみか)を教えてくれる。慣れれば、木を一目見ると樹液が泡立っており、アルコール発酵していることがわかるようになる。

虫採りの感覚がわからなければ、あなたが、虫になってしまえばよい。あくまでも虫の感覚で、という意味だが、例えばカブトムシが樹液を探し回って好みそうな場所を想像できれば、きっとみつかるはずだ。森の中に入り、樹液のにおいを辿って、シイやクヌギに近づく。樹液が泡立って、ぶつぶつという微音がしていればそれは発酵のサインだ。

酵母は10ミクロン（１０００分の10ミリメートル）以下の大きさのため、肉眼では確認できないが、スプーンに一杯分ほど樹液をとれれば十分だ。酵母の採取や選抜、育種の方法はいくつもあるが私の場合は薬を使わず、酵母に優しい方法を心がけている。

そして、スプーンで採取した酵母を、持参したホップと合わせた麦汁に加えて「懸濁液」をつくる。これを、温度を一定に保つためインキュベーター装置に入れる。そこで発酵すればホップに対して耐性があり、麦芽糖にも対応できることになる。つまりビール造りに適しているかをそこである程度までは判断できる。そうして発酵の進行に伴いアルコール度数が上がっていくに従って、アルコール耐性が弱い酵母は死滅し、ビール造りに適した酵母だけが生き残る。

とはいえ、ホップとともに生きられる酵母であっても全てがビール造りに向いているわけではない。そこで、あまりおすすめできないが、私は密かに人体実験をしている。実験室でテスト発酵したものを、自ら味見するのである。

どのように判断しているのかと聞かれると困るのだが、「これは無理だな」というものは舌がぴりっとするなど、口に入れた瞬間にわかる。野性の勘とでも答えれば格好良いのかもしれないが、危険なものを口にしたら誰でも違和感で察知できるものだ。カビがつくるマイコトキシンや発がん性があるものなど、有害なものもあり知識は必要だ。香りである程度わかるはずだし、そもそも知っていればよいことで、私に特殊な才能があるわけではない。

ただ、「イケてる酵母」と「イケてない酵母」の違いの見極めは、すぐにはなかなかできない。採取したらすべて持ち帰り、培養してみた上で判断するしかない。その中から違和感のない、香気特性が良いものをビールに使う。この手間の問題なのだ。

ちなみに、酵母取りは何よりもにおいがカギとなるので、晴れた日が適している。雨だとにおいがわからないし、酵母そのものが流れてしまうからだ。活動が活発になる夏の晴れた風のない日。できたら、前日から晴れていれば最良だろう。慣れれば30分もかければ、採取まで終わられるはずだ。

もちろん、持ち帰った酵母がビールに使えるかはわからない。このわからなさが、おもしろいのだ。何をやってもすぐに飽きてしまう私を唯一飽きさせないのが酵母だ。素晴らしさに共感してもらえただろうか。好奇心の原動力になる酵母は、私の人生には欠かせない。いや、伊勢の小さな餅屋で終わるはずだった私の運命を大きく変えた原動力こそ、この酵母なのだ。

神様が愛する多様な自然環境

伊勢と神宮は切り離せない関係で、神宮は私たちの暮らしとともにあり、その恵みははかりしれない。ビール造りにおいても伊勢の土地は非常に恵まれている。

伊勢志摩国立公園を持ち、風光明媚。川があり、山があり、海がある。今の伊勢市は2005年に伊勢市・二見町・小俣町・御薗村が合併して発足したが、旧伊勢市の約3分の1は神域だったこともあり、神宮に守られた広大な鎮守の杜がある。もともとが神様が降り立ちたくなるような土地で、実に多様な自然環境がそこにある。

約半世紀前、日本が高度経済成長期のど真ん中にいた頃、伊勢はまだまだ、今よりも自然があふれていた。トンボも、今はとんと見なくなったギンヤンマが沢山いたし、珍しくオニヤンマを捕まえたときは、祖母に和室に蚊帳(かや)を吊ってもらい、その中で放し飼いにして遊んだものだ。実家の土間に居ついたアマガエルは餌付けして、針金に刺したハエを食べさせていた。カブトムシもクワガタも、幼虫から成虫まで数えきれないほど育てた。蛇も、ヤマカガシ、アオダイショウ、マムシなどそれなりにいた。ヤマカガシを捕まえてきて飼っていたこともある。

父が私たち子どものために味噌蔵の裏に廃材で木枠を作って厚手のビニールシートを張り、汲んで来た井戸水で満たしたプールには、何種類かのゲンゴロウが遊びに来て、私たちと一緒に泳いでいた。ゲンゴロウたちの光沢のある美しい背中は、まるで磨き上げられた鉱物に命が宿っているようで、飽きずに眺めていられた。最後にはいつもそっと逃がしてやったし、飼っていたトンボも蛇も最後はできる限り自然に返した。子どもながらに彼らが本来のあるべき姿でいて欲しかった。

こうして自然あふれる伊勢で小さな生きものたちに囲まれて育った私が、ビールをつくることになって、地元伊勢の酵母を捕まえてきて使おうという発想に至ったのは、ごく自然なことだ。ゲンゴロウたちと遊ぼうという感覚と、酵母たちとビールをつくろうという感覚は、私の中でほぼ同じである。

新しい酵母を見つける場所として伊勢は実に理にかなっているとつくづく思う。まず、野生の酵母は概ね(おおむ)高い温度を好むので、温暖な伊勢の地は、初夏から秋にかけて酵母たちに理想的な気候となる。また、多様な自然環境には、多くの種類の動植物がいるように、おそらく酵母についても、自然環境の多様性とその種類の数には、相関関係があるのではないか。おそらく神様が愛し住まうこの地には、きっとその神様たちと同じころから無数の酵母たちが住んでいただろう。

ビールの酵母を伊勢の森から

ビール事業はといえば、２００４（平成16）年以降、上昇気流に乗った会社の経営はまだまだ安心できるレベルではなかったが、マーケティングというものに気づき、やっと安定してきたのが08年頃だった。少ないながらも利益を確保できるようになり、私にもまた微生物たちと遊ぼうという余裕ができてきたのである。

09年の夏、私は社員をひとり連れて、伊勢の森の中にいた。伊勢の神域に息づく酵母を採取しに行ったのである。最初の頃は、培養された酵母を買ってホップや麦芽の割合を変えつつビールをつくっていたが、自然酵母で個性的なビールをつくろうという発想がわいてきたのだ。ビール造りのために酵母採取を始めたのはこのころからだ。

６、７種の菌叢（きんそう）から採取し、その中でもシイの樹液から取り出した菌叢は、糖分を発酵できる充分な力と特徴的な香気特性をもっていたため、ビールに最適と判断し「社長スペシャル第１弾　ファイブホップ・インペリアル・ウィートエール」として商品化したところ、ドライで野性味があると人気になった。

しかし、残念なことにビールの発酵に用いたその菌叢は沢山の微生物群から構成されていて、商品の再現性はなく、その限定商品だけに終わった。要するに、同じものを二度とつくれないのである。当時は、それ以上に研究・開発を進める予算も時間もなく、菌叢は冷蔵保存することにしたものの、お蔵入りとなった。

社長業と大学院生の二足のわらじ

酵母愛の転機は11年に訪れる。地元三重県の三重大学に、地域イノベーション学研究科ができ、社会人大学院生を募っているという情報をたまたま知人を通して得たのだ。問い合わせてみると、私が行いたい研究が博士論文研究としてできそうだというではないか。試験は英語と、過去の研究成果の提出、口頭試問だったが、目的がいやという程はっきりしていたのですんなり合格でき、私は40代半ばで、社長業と大学院生の二足のわらじを履くこととなった。

酵母を単離させ、資化性を確認し、遺伝子シークエンスをかけて安全性を確認する——それが私の研究テーマだった。数年で単位満了で退学し、15年には論文を書き、博士号を取得した。資化性とは、微生物を私が扱う場合でいえば、栄養源として利用できるかを示す。例えば、この酵母はマルトース資化性がある、といえば、その酵母はビール造りに必須のマルトースを栄養源にできるということだ。

その間の12年、大学院入学を機に苅田修一教授(応用微生物)と矢野竹男教授(免疫化学)に指導を受け、冷蔵保存していた樹液の成分の残りから、大学院の研究室をお借りして実験を行い単離(樹液の中の無数の微生物から一種類だけを分離すること)したKADOYA1酵母に、遺伝子シークエンスをかけた(遺伝子の配列を調べて安全な酵母の一群に属すると確認すること)結果、実用ビール酵母として使用可能であると確認された。ビール酵母を対象にした香気成分の定性定量分析結果を主成分分析にかけたところ、アメリカンエール酵母とベルジャン酵母の中間的特徴を持った酵母であることもわかった。

この特徴を活かして開発し、14年に発売したのがHIME WHITE(ヒメホワイト)だ。現在に至るまで多くの国際大会で受賞を重ねている。野生酵母の単離と香気特性分析の結果を活かしての商業利用という、他社にはない技術や、神域の杜から採られた酵母という物語性も相まって、角屋を特徴づけるビールの一つになっている。

とはいえ、おそらく多くの、いやほとんどのブルワーは、野生酵母を採ってきてビール醸造に使おうとは思わないだろう。野生酵母とは、ビール醸造用に販売されている酵母ではなく、自然界から採ってきた酵母のこと(天然酵母と呼ぶ場合も)だ。

国内では、他に自ら酵母を採取して培養し、ビールをつくっているブルワーには会ったことがないし、特に、自然界から自分で単離した酵母を使ってビールをつくっている人は、国内で私以外には聞いたことがない。単離しない野生酵母を使っていた方と言えば、偉大な先人、博石館ビールのヘッドブルワー丹羽智さんの顔が思い浮かぶが、そこから酵母を単離して特性を調べて、ビール造りに必要な発酵特性と美味しさにつながる香気特性を持った酵母を選択し、更にその酵母の安全性を担保するには、もう一つ大きな壁がある。

この作業は、結構な時間と労力、それに、遺伝子シークエンスをかけるなど、大学研究室クラスの設備が要る上に、そうした酵母の扱い全般に網羅的な知識が必要となる。そして、単離してからはじめてその酵母が醸造に使う価値があるかどうかわかるので、結果次第ではそれまでのすべての労力が無駄になる可能性もある。むしろその可能性の方が高い。

だから、常識を備えた賢い人はこのような非効率極まりないことをやろうとはしない。私みたいにどこか抜けていない限り、手を出さないのだ。酵母を単離して顕微鏡で見て、一緒にビールを醸（かも）して遊びたいという衝動を抑えられないようなヤツがやるのだろう。やらないのが当たり前で、それがごくごく常識的な行動なのである。

余談だが、ビール界では常識外れの行動も、清酒業界では少し事情が異なってくる。こちらでは、単離した野生酵母の利用が既に行われている。書いてきた通りで、ビールは世界中に１００を超えるスタイルがあり、世界中で販売されている麦芽、ホップ、そして酵母には沢山の種類があり、これらの組み合わせは無数に存在する。今なお、新しい組み合わせや製法による新しいビールのスタイルが毎年のように世界のどこかで生み出されている。つまり、新しい酵母を探すような非効率なことをせずとも、いくらでも新しいビールをつくる組み合わせが可能だ。

一方、日本酒はといえば、日本という非常に狭い地域で高度に発達した酒である。並行複発酵という高度な技法が生み出す日本酒は、蒸留を伴わず発酵で達成できるアルコール度数としては、醸造酒の中で世界最高レベルだ。その美しさ、香りの繊細さ、どれをとっても世界に比類ないほどに完成されている。そして、酵母と麹といった微生物を除けばその原料は米と水である。登り詰めてきた霊峰の頂からさらに上の次元に行こうとした時に、労力をかけても野生酵母を単離して使おうというモチベーションが生まれてきたのではないだろうか。

とはいえ実際、培養された酵母と違って野生酵母は扱いが難しい。培養酵母は手なずけやすいが、野生酵母はじゃじゃ馬だ。全ての酵母にはそれぞれ増殖に適した温度があるが、野生酵母の中には、ある温度で発酵したかと思うと、突然、ふわっと弱くなるなど、癖をつかみづらいものも少なくない。そう言いつつも、おっかなびっくりでどうすれば機嫌が良くなるか、試行錯誤しながら徐々に特性をつかんでいく過程もまた、楽しいものだ。

扱いは楽ではないが、野生酵母は培養酵母にはない独特の香りを持ち、商品としての大きな武器になる。もちろん、全てがビールに向いているわけでなく、嫌なにおいになることもあるので注意が必要だ。

じゃじゃ馬なHIME WHITE

「HIME WHITE」も独特で、コリアンダーと伊勢産のユズも加えて、ベルギータイプのクラフトビールに仕上げたが、これが当初はかなりのじゃじゃ馬だった。発酵を始めた後いったん元気をなくし、3日ほどしてから急激に復活する不思議な特性なのだ。

物語性といえば、伊勢らしさも持ち合わせている。天照大御神が大和国の笠縫邑（かさぬいむら）から新たに住むところを探して旅に出たとき、先導役として導いたのが倭姫命（やまとひめのみこと）であり、その倭姫命をまつるのが倭姫宮だ。内宮の別宮（御正宮に次いで尊いお宮のことで、内宮には10ある）の一つで、内宮と外宮をつなぐ御幸道路の途中、倉田山に鎮座している。KADOYA1酵母はこの倭姫宮付近の森の木の樹液から採取した酵母だ。神域の界隈からとれた酵母を使うことで、「伊勢」のビールのイメージを打ち出せたのではと自負している。

KADOYA1酵母と名付けたのは、これからKADOYA2、KADOYA3と実用ビールの酵母として使用可能な野生酵母を揃えていきたい意思のあらわれだ。野生酵母によるビール醸造という分野を角屋のブランドの軸の一つにしていくつもりだ。多様な自然が残る伊勢だからこそ、可能であり、顧客の想像力に呼びかける側面も大きいと自負している。

酵母は生きもの、だからビールも生きもの

麦芽と水、ホップを糖化し煮沸させ、できあがった麦汁を冷却し、そこにこのビール酵母を加えると発酵が始まる。

酵母は麦汁に含まれるブドウ糖や麦芽糖を取り込む。生きものなので成長するにはエネルギーが必要だからだ。そして、生じた酵素の力でアルコールと炭酸ガスに分解する。

酵母がアルコールをつくる作業というのは、実は、酵母にとっては望ましい状況ではない。酵母は呼吸をする微生物だ（「通性好気性菌」と呼ばれる）。麦汁中の酸素が十分にあるのは当初だけで、酵母が呼吸することで酸素がなくなると、どうにかして生きていこうとして始めるのが発酵だ。そこでアルコールと炭酸ガスがつくられる。つまり、酵母が酸欠になることで、アルコールが生まれてくるのだ。酵母は好き好んでアルコールをつくっているわけではなく、生きのびるための手段としてつくっている。なんとも健気で涙が出てくるではないか。

どうだろうか、酵母に対する愛情が増した人も多いのではないだろうか。ビールは酵母が環境に応じて淡々と生き方を変えた最終形態だと、私には映る。

そして、ビールに使われる酵母には多くの種類がある。それは世の中に存在するはずの酵母のほんの一部に過ぎない。自然には私たちの想像を超えるようなビールの味わいを生み出す酵母が眠っている可能性が高い。そう私は確信している。さまざまな酵母が存在するので、狙った香りや味を引き出すのは醸造技術者の腕にかかってくるが、あくまでも酵母が主役だ。

自ら酵母採取をするとわかるが、発酵力が強い酵母だからといって、増殖力や生存性が高いとは限らない。つまり、ビールの生産に日常的に使えるわけではない。長年ずっと使われているビール酵母は、先人達のたゆまぬ努力の結晶だ。選んだ酵母を大事に育てて次の世代に渡していく、その過程で、醸造に適したものが自然に選択されていった結果なのだ。その積み重ねで今がある。

角屋の工場には酵母を育成する「酵母ルーム」がある。単にインキュベーターが置いてあるだけの実験室だが、ここで、新しい酵母や普段使わない酵母を使うときは「入院」させ、毎日世話をする。採取した酵母はここで育成し、利用できるか試験を重ねる。必要な間は、社員たちがしっかり見てくれているので安心だが、出張などで工場を空けると、どうしているかと気が気でならないこともあった。私には3人の子どもがいるが、酵母もまた鈴木家のかわいい子どものような存在だ。特に仕込んだばかりのものは気になり、「酵母、元気？大丈夫そう？」と社員に出張先から酵母の安否を尋ねることもしばしば。

タンクに耳を傾けて確認するほど心配になる状態はそうないが、ケアが必要な時期は目が離せない。酵母は生きものであり、その酵母が生み出すビールもまた生きものなのである。

「ランビック」、例えばこんな酵母が好きだ

日本酒の醸造で蔵に付いた酵母を活かすように、ビールでも空気中の酵母の発酵に任せるスタイルのものが存在する。

ベルギーのブリュッセル地方の「ランビック」だ。ランビックの製造設備は非常に古い。中世からタイムスリップしたような錯覚に陥るほどだが、これには理由がある。

人工的に培養した酵母ではなく、醸造所や木樽に住みついた酵母や乳酸菌などの発酵を利用しているのだ。

麦汁に空気中の微生物が複雑に絡み合い、発酵と熟成に要する時間は3年ほど。製造量は決して多くないものの、その味に惹かれ、ランビックの代名詞ともいえるカンティヨン醸造所にはヨーロッパ中から買い付けに来る人が後を絶たない。

12年、ヨーロッパ出張の合間の時間を利用し、私はこのカンティヨン醸造所をひとり訪ねたことがある。ベルギーはビールの宝石箱と呼ばれる国で、個性派ビールが無数に存在するが、中でもこのカンティヨンのビールは際立っている。多くの野生菌種を用いたビールは、一言でいうと酸っぱい。はじめて口にした人はまずその酸っぱさに驚く。これが飲み慣れてくると、この酸っぱさとドライな口当たり、そして、複雑な香味がたまらない中毒性を発揮するのである。この酸味もドライな口当たりも、そして複雑な香気もすべて酵母をはじめとする多くの微生物たちのなせる業だ。

野生酵母を使用するのは、私と同じである。ただし、自然界から一種類の酵母を単離して、その酵母のみを発酵に使用する私に対して、ランビックは、空気中や蔵付きの無数の種類の酵母に加えて、乳酸菌などのバクテリアも一緒に取り込んで発酵させる。まさに、微生物の多国籍軍状態である。

一種類の酵母で発酵する場合、その酵母は自分が食べたい種類の糖分だけを食べ、あとは食べ残す。そして、その酵母特有の香りを出す。一方で多国籍軍は、それぞれの微生物が食べたいものを食べるので、ほとんどすべての糖分が食べつくされてしまう。その結果できあがるビールは、あらゆる糖分が食べつくされているため、まったく甘みが残らず、非常にドライなものになるというわけだ。同時に、乳酸菌たちがつくる乳酸によって普通のビールにはない酸っぱさがあり、加えて、それぞれの微生物がつくる香気成分（鼻で感じる香りの成分）や呈味成分（舌で感じる味の成分）によって、実に複雑で重層的な味わいとなる。

　カンティヨン醸造所では、嬉しいことに醸造所内の見学ができる。私が訪れた日もヨーロッパ中から見学者が訪れ、30分おきにフランス語、ドイツ語などいろいろな言語でのブルワリーツアーが開催されていた。日本語のツアーがなかったため英語のツアーに参加したが、歴史あるその醸造所の佇まいと設備に感嘆した。

　中でも屋根裏部屋に設置された長方形の浅いプールには目を見張った。麦汁、すなわち発酵前のビールを入れるのに使い、プールのような形状なのは、空気中を漂ういろいろな微生物を効率よく取り込むために、表面積を大きくしているからだという。長年の経験を生かし、そのプールの周りの壁にある窓を開閉して、風の中の微生物たちを麦汁に取り入れていた。話を聞きながら、私は風に乗って舞い降りてくる無数の微生物たちを思い描き、鳥肌が立った。涙が出るほど感動したのを覚えている。

　カンティヨン醸造所の入り口近くには、カウンターがあり、その後ろにはいくつもの木樽が積み上げられている。長年熟成されたランビックを「グーズ」と呼び、グーズはそれぞれの樽によって個性を持つ。人それぞれ顔が違うようにだ。このカウンターでは、それぞれの樽のグーズを試飲することができ、さらに、希望に応じていろいろな樽のグーズをブレンドして提供してくれる。このブレンダーのおじいちゃんがまた、どこか味わいがあるのだった。

人類の農耕の始まりと共に世界の多くの地域で醸造が始められ、各地で発展してきたビールの世界は実に広大だが、カンティヨン醸造所は、誰もがその一端を肌で感じ取れる場所だろう。

次なる夢のビールはこれで

家業の味噌・醬油事業は、まさに蔵付きの微生物を使った自然発酵なだけに、ランビックにはさらに親しみを感じた。小さい頃に遊びまわっていた、大きな醬油樽が並ぶ一角と空気が同じだからかもしれない。カンティヨンは、私の発酵魂をくすぐり続け、どこか古い工場を用意して「ジャパニーズ・ランビック」をやりたいなという気持ちが、ここのところ膨らみつつある。日本では他にやろうとする人もいないだろうから、話題にはなるのではないだろうか。お金にもならず無駄になるかもしれないが。

小さな容器に入れた麦汁を工場内のあちこちに置いて、発酵するかどうかの確認から始めるので、技術的にはこれまでと異なるアプローチが必要になる。「そんなことできるのですか」と社員にも言われそうだが、誰もやらないことに挑戦したい私にしてみれば、そう言われれば言われるほどやりたくなる。そろそろこれを読んでいる皆様もご承知だろう。

他に、香りが気になっている酵母もある。ビールに使われる酵母がたくさんあることはすでに述べたが、クラフトビールの世界でおそらく最もポピュラーなのは、「Wyeast1056」だ。シトラスでフルーティーな香りが特徴なのだが、この酵母は発酵の初期段階に黒糖の香りを出す。この香りを嗅ぐと「ああ、１０５６は今日も元気だな」と思わず笑顔になってしまい、心がどこか落ち着くのは不思議なものだ。ただ、残念ながら、この黒糖香は空気中に霧散してしまうので、どこかに一時的に保存しておいて、それを元に戻してあげられないかなと最近は思案中だ。黒糖ビールを、ぜひつくってみたいものだ。

ちなみに酵母にはそれぞれ名前がつく。学術的な国際データベースに登録名をつけるのは、単離した人が命名権を持ち、一方で商品化して販売するときはそれとは別に販売会社が商品名を付けている。

Wyeast1056のほかにも思い出深い酵母は多く、例えば、「３０６８」という番号が付いた酵母がある。ドイツの白ビール「ヴァイツェン」に用いられる酵母で、実に多彩な香りを出す。角屋では、20年前の創業当時に、一時期だがヴァイツェンをつくっており、その時に使ったのがこの酵母だった。ほかの酵母にはない、熟したバナナのような香りや、少しスパイシーな香りも（これらはまったく違う香りだが、どんな酵母でも複数の成分が普段から同居している）醸し出してくれる酵母である。そして、この酵母はほかの酵母たちと違って、あまり凝集しない。というのも、発酵中のビールは、酵母によっては濁った色をしているが、発酵が終わると多くは固まって（凝集して）沈んでいくからだ。そうしてビールは透き通った魅惑の液体に変わっていく。

ただ、あまり凝集しない３０６８を使ったビールは、いつまで経ってもなかなか透き通らない。ドイツのヴァイツェンが白濁している原因はこのためだ。同時に、酵母の味もビールの特徴の一つになっている。

私が山で拾ってきたＫＡＤＯＹＡ１も、実は凝集性はあまりよくない。だからこそＨＩＭＥ　ＷＨＩＴＥはホワイトになるのだ。この子は、１０５６と３０６８の中間的な香りの特徴を持っていて、何とも不思議な子なのである。顕微鏡で見ると１０５６より少しだけ小ぶりで、見た目もちょっと違う。発酵を途中でやめたり、かと思うと急に凝集してビールを透き通らせたりと、なかなか手なずけるのには難しさもあるが、そこがまた可愛くもある。

二度と再現できないビール

ランビックや黒糖ビールの話を、私は極めて実現可能だと信じて真面目に書いている。

「いやいや、鈴木さん、そんな適当にビールをつくってるわけではないでしょう?」と思われるかもしれないが、実はかなりの部分をノリでつくっている。

「えっ、ビールは科学だ! と言っていたではないですか」と反論されそうだが、誤解してはいけない。確かにビールは科学だし、酵母の培養も科学だ。だが、サイエンスであることを知っているからこそ、真面目に、それでいて臨機応変にノリでつくれるのだ。

どういうことか説明しよう。例えば料理人は他人の料理を一口食べただけでも、ある程度、同じような料理をつくれるという。イメージを膨らませて新しいメニューをつくろうとした場合も、ある程度狙った味を実現できると聞く。それは、彼らには下地があるからだ。素材をどう扱えばうま味が出るか、どの食材とどの食材の組み合わせがベストか。長年の経験でそれらがデータとして頭に入っている。決して天性の勘などではないのだ。

ビールも同じだ。製造工程は決まっているし、料理以上に設備産業なのである。ある程度の型ができていれば70点のビールができるとはこれまで述べたとおりだ。残りの30点は経験によるノウハウの世界であるが、これも経験を重ね、技術も固まってくれば、頭の中でいろいろ計算ができ、「えいや」と勢いでつくってもそれなりのものができる。それを、修正して完璧なものに近づけていけばいい。この作業を長年培った「秘伝の技術」というのか、「ノリでつくっている」と呼ぶのかは造り手の意識や美学の問題だ。

とはいえ、私の場合は、今はブルワーでなく社長業が中心になっていることもあり、より「ノリでつくっている」かもしれない。時間の制約もあり、気が向いて体が空いているときにしかつくれないので、「よし、やるか」と思い立った時に工場に入る。おそらく、見る人からすれば、何も考えずにつくっているように映るかもしれないが、頭の中で細かな計算はしている、つもりだ。

数年前に、日本食に合うビールをつくろうと、ふと思い、出汁(だし)のビールをつくったことがある。しいたけ、こんぶ、山椒、シソ、わさびなどを、麦汁をつくる時に投入する。味見しながら、もうちょっと、しいたけを入れて、などと調整を重ねる。この時ばかりは、社員も驚いた様子だった。

「そんなんでいいんですか」

「いいんだよ」

「しいたけ、入れすぎじゃないですか」

「いや、いいから、いいから」

まるで怪しげな実験を見るかのような引きつった社員の顔が忘れられないが、いざ、できてみたら、

「おおおお、うまいです、これ、すごいっす」と驚いていた。

実際、売り出したら、これが大好評となり、「もう一回つくってください」との声も頂いたが、残念ながら、ノリでつくっているから、もう二度と同じものはつくれない。マメなヒトは味見しながらもレシピを書くのだろうが、何しろその場での即興ライブなのだ。こちらとしてはカレーをつくるような感覚でビールをつくったのだった。

「ノリで商品をつくるなどけしからん」とお叱りを受けかねないが、クラフトビールメーカーならではの、面白そうだからやってみようという精神は忘れたくない。自己弁護をするわけではないが、再現できないビールなどきっと大手はつくらない。そこをやってやるのだ。

おこがましいが、限定ビールはいつもすぐに完売する。角屋のこうしたスタンスを理解して頂いているのか、本当にありがたいかぎりだ。新工場がフル稼働したら、旧工場の生産能力に少し余裕ができる。小回りが効く旧工場を使って、また自ら仕込みたいという気持ちが湧いてきている。自ら仕込む場合は、野生酵母を使ったり、出汁を使ったり、やったことがないことに挑戦してきた。一方、お客さんには「社長がつくるビールはおいしくて当然」とも思われており、ハードルは上がっている。ランビックか黒糖ビールか、はたまたそれ以外か。いずれにせよ、おいしいだけでなく、「あっ」と言わせたいものだ。

尊敬する「発酵偉人」

経営者への定番の質問なのか、「尊敬する人物は」と聞かれることがある。「高峰譲吉博士です」。私は一貫してこう答えている。

高峰博士は21世紀の今となっては功績をふり返られることが少なくなっており、知らない方もいるだろう。現代ならばノーベル賞受賞は間違いない偉大な化学者であり、私にとっては発酵好きの大先輩、いや、もはや「発酵偉人」といえよう。

博士は１８５４（嘉永７）年に現在の富山県に生まれ、英国留学を経て米国に渡り、消化酵素剤のタカジアスターゼを創製、外科手術の止血などに使うアドレナリンも発見した。

博士の名を世界に知らしめたのはこのタカジアスターゼの開発だ。世界発の胃腸薬として博士が初代社長を務めた三共（現第一三共）から発売され、今でも販売している。夏目漱石の小説『吾輩は猫である』にも主人公の猫が主人を「その癖に大飯を食う。大飯を食った後でタカジヤスターゼを飲む」と記されており、いかに当時、普及していたかを物語る。

ちなみに、世界で１００年以上にわたって使われ続けている医薬品はタカジアスターゼ、アドレナリン、アスピリンの３品のみ。この内、２品を博士が開発しているわけだから、ノーベル賞を受けてもおかしくないという理由がおわかりだろう。そして、この世界に誇る偉大なタカジアスターゼの事業化と切っても切り離せないのが、微生物であり、酒造りなのだ。

博士はタカジアスターゼを開発する数年前から、母方の実家が造り酒屋であったことから、清酒の醸造法を研究し、新しい麴の改良に成功した。これを特許として世界に公表すると、米国のウイスキー原液製造会社の目にとまり、特許技術を米国で指導して欲しいという要請が届く。

とはいえ、日本の清酒と欧米のウイスキーでは酒のつくり方が異なる。大きくは、デンプンを糖に変えるのに日本酒が麴カビを使うのに対して、ウイスキーは麦芽を使う点だ。どちらも酵素の働きだが、前者は微生物によって、欧米では麦によってつくられる。

博士は、麦芽のデンプン糖化酵素より、強力で安い酵素を麴カビから抽出し、量産を実現した。

麦芽にかえて、麴由来の酵素でトウモロコシを糖化すれば安価なバーボンウイスキーをつくることができる。現在でこそ酵素は微生物からつくられるのが一般的だが、当時は微生物から、それもカビから酵素をつくり、食品に利用するという発想は欧米にはなかった。カビと共存してきた日本人ならではの発想だろう（麴と酵母と酵素は名前が似ているので、アルコール醸造業と縁遠い方の中には、その違いの認識があいまいになりがちだが、かようにまったく違う働きをしているのである。それどころか麴と酵母はれっきとした生物だが、酵素は生きものではなく物質である。もっとも、ある温度を超えると酵素もその活性を失い、これを「酵素が死ぬ」といった紛らわしい表現をすることもあるので、なお一層、物事がややこしくなっている)。

博士はウイスキー会社の要請を承諾し、渡米して起業へ。イリノイ州に工場を建設するが、これが火災事故にあう。工場を焼失し、計画は頓挫した。この火災については、博士の製法が、麦芽製造業者から猛烈に反対されていたことから、放火だったとの見方もある。博士の麴カビを使う醸造法が普及すれば、麦芽製造業者は失職しかねなかったからだ。当時、博士を夜道で襲撃する計画が伝えられるなど、きな臭い噂話も飛び交っていたことは、博士の研究の革新性を裏打ちしている。

加えて博士の持病の肝臓病が再発し、ウイスキー会社も解散を決めた。火災、病気、失職という三重苦となれば、自信過剰な私ですら立ち直れない気がするが、博士は違った。この生涯最大のピンチが、最高の消化剤「タカジアスターゼ」を生むきっかけになったのだ。

収入が途絶えた博士は、何かしら稼がねばならず、ウイスキーをつくり出す際の酵素の働きを薬に転用できないかと考えた。

酒と薬では、まったく別もののようでいて、どちらもデンプンを分解する酵素の働きを利用している点で共通している。酒造りでは、小麦や米のデンプンからできた糖が、酒類に付きもののアルコールをつくり出す材料になる。消化作用の場合、胃や腸でデンプンを分解してできる糖が血液に取り込まれることで人間のエネルギーになる。

麴カビは大別して、デンプンを分解する酵素の力の強いカビと、弱いカビの2種類になる。博士は力の強いカビだけを株分けして純粋に育てれば、働きは一層強まると考えた。そして、「強いカビ」だけを育てた結果、つくり出されたのがタカジアスターゼというわけだ。

麴カビのような微生物が持つ酵素の力を利用した商品は、タカジアスターゼが世界で初めてだった。日本人が古来活用してきたカビに科学的にアプローチし、薬として誰もが利用できるようにした功績は非常に大きい。博士は、逆境に陥りながらも、果てしなく広がる微生物の世界の地平を切り拓(ひら)いた。


現代に話を移すと、2005(平成17)年に日本の研究チームが世界で初めて麴カビのすべての遺伝子情報を明らかにした。麴カビは「酵素の宝庫」とも呼ばれ、100種類以上の酵素を生み出すとも考えられており、研究が進めば、人類の暮らしを変える有意義な使い道が発見されるかもしれない。ちなみに、06年に日本醸造学会は麴カビを「国菌」と定めている。

もちろん、酵素は麴カビの中にだけあるわけではなく、微生物からも新たな酵素が見つかっている。科学技術の発達とともに、現在、約4000程度の酵素が知られており、食品や医療などに使われている。とはいえ、これまでに発見された微生物は全体の1%程度ではとの見方もあり、自然界にはまだまだ未知の力が眠っている。

カビを人類全体の宝にまで昇華させた博士と私を比べるのはおこがましいが、伊勢の発酵野郎としては、せめて、ビール業界のために新たな微生物の源を探してみたい。

5章　50歳にしてやっと自分も発酵してきた

発酵を促す土地「東京」

ここ数年は商談のみならず講演の依頼も多く、出張が増えている。手帳を見て驚いたが、昨年は東京に60泊していた。東京で過ごす時間が増え、新たな交流の輪が広がっていくことで、頭が柔らかくなっていることに気づく。

良くも悪くも私は長らく「餅屋のせがれ」として生きてきた。ビール事業を始めた時も「餅屋のせがれの道楽」に過ぎず、成功しようが失敗しようが、鈴木成宗一個人の行動よりもそちらが先に立つことが多かった。

これが東京に来ると、一変する。当たり前だが、誰も私のことなど知らない。二軒茶屋餅角屋といっても、「餅つくっているんですか」「餅屋がビールですか、へー」くらいの感想で、伊勢で４５０年近く続く古い餅屋と知っている人はよほどの伊勢参りマニアに限られる。

そんな分け隔てない人々と触れ合うことで、私の仕事観も大きく変わった。私の仕事のスタイルはつい最近まで「とにかくモーレツ」だった。祖父も父親も３６５日のうち、３５９日は朝から晩までひたすら働く人だった。その背中を見て育った私は、とりあえず動く、手を動かし続ける、それをモットーにした。動いて動いて、失敗して、経験値をひたすら積む。「バカだなー」と思われるかもしれないが、誰よりも人一倍動くことで、ビジネスモデルの弱さ（というよりもモデルも何もない状況）を補完してきた。ビールが売れないときは夜店に出店した。売れないのは雰囲気が悪いからかもしれないと音楽をかけながら売ったり、「私に腕相撲で勝てば無料作戦」まで打ち出したりしたのは先に述べたとおりだ。自分なりに妙案だと思ったが効果は無し。人は要らないモノはただでも要らない。そのことにまったく気づいていなかったが、がむしゃらにやればいつかは好転すると信じていた。

父は私につねに言っていた。「社会人は仕事の時は仕事を考えろ、管理職になったら、起きている間は仕事を考えろ、経営者になったら夢の中でも考えろ」。

ああそうかと思い、私も3年くらい前までは3時間睡眠がザラだった。朝の会社は電話が鳴らず生産性が上がるため、遅くても午前5時には会社で仕事を始める。下手すると2時や3時に会社にいる。もはや、朝なのか夜なのかわからないが、朝も夜もなく働いていた時代が長かったし、そうしなければ会社が回らなかったというのが本音だ。それが、新しく出会った人たちは、こちらが驚くほどいつ働いているのかわからず、衝撃を受けたのだ。

いろいろとやりすぎていたオレ

東京での大きな出会いのひとつは、成毛眞さんだ。成毛さんは元日本マイクロソフトの社長で、今は書評サイト「ＨＯＮＺ」の代表を務めている。週刊誌の取材で「三重県では一番古い銘菓となる」と二軒茶屋餅角屋を訪問くださった。おいしく召し上がってくださったのか、「やわらかくて素朴な味。８時から販売して、売り切れ御免。早起きする価値はあります」と誌上で紹介していただいた。取材の最中に、「実はビールもつくっています」と説明したら、「鈴木君、餅屋なのにビールつくるなんて面白いね」と本来の取材目的である餅の話よりも食いつきが良く、目を輝かせて話を聞いてくださった。

それがご縁となり、成毛さんが主催する交流会にお邪魔すると、これが普通の交流会ではない。がむしゃらモーレツ道とは無縁の世界で、どんな面白いことをやっているかを楽しく語らう。お酒を飲む時は何も考えずに飲む。働くときは働く。しがらみでがんじがらめになった席に慣れていた私には、損得抜きにわいわいと飲む光景は新鮮だった。そして、その場で、皆さんに言われたのがこれ。

「鈴木さん、いろいろやりすぎだよ」

昔は営業も経理もいなかったから全部自分でやっていた癖がぬけきれないところが長らくあった。今でも、手も口もいつでも出したいのだけれど、最終的な意思決定以外は社員にようやく任せられるようになっている。夜も5時間は寝るようにした。寝ないと新しいアイデアが浮かばないことにやっと気づいた。

出会いの扉が開くと世界が広がっていくものだ。こうすべきだ、ああすべきだという「べき」論や既成概念にとらわれなくてもいいのだと、この年になってようやく理解することができた。世界一の垂直の方向ばかり見ていたが、そもそも世界はひとつだけではないのだ。

「非常識」にふるまってみよう

振り返ってみれば、私は子ども時代から落ち着きがなく、整理整頓がまったくできない上に、極度の方向音痴でもあった。今でも会社から出かけるやいなや、忘れ物をとりによく戻るが社員の誰も驚かない。1回ではなく、2回戻ることもあるが、それでも誰も驚かない。ガソリンスタンドに給油しに行く度に「また、車体の角が丸くなっていますよ」と運転の荒っぽさを指摘される。社員旅行に出かけても必ずみんなとはぐれる。
だから、旅先やあまり知らない土地で、ホテルや旅館などに戻りたくても道がわからなくなってしまったときは、「の」の字を書くと良い。なんとなくの方角さえわからないので、現在地を中心に、小さく「の」の字のように円を描いて大きくしていくと、行くべき道にあたる（可能性が高まる）。迷ったら、「の」の字を描けと社員にも言ったら、「社長、グーグルマップがありますやん」と返された。根っから、遠回りする性格なのかもしれない。

話が脱線したが、ＡＤＨＤ傾向のある私は、既成概念にとらわれない発想をもっと早く実践していれば、もう少し近道で結果を出せたのではとも思う。端的に言えば、自分が今やりたいことを飽きるまで集中してとことんやりきってしまえばよいのだ。飽きたらまた別のやりたいことをやる。これを次々と高速で繰り返していくのである。そうしていると、ある日、興味の対象が以前やっていたことの延長線上に戻ってくることがある。その時にまたそれをやれば良いのだ。万人にはお勧めできないが、私にはそれが性に合っている。

例えば、英会話だ。ビールの国際大会で審査のテーブルリーダーを務めるくらいは可能だが、ほぼ独学で、この短期集中の繰り返しで習得した。集中モードの間は、手帳は全て英語で書き、自動車の運転中はひたすら英会話を聞き、仕事から帰ったら寝るまで英語の勉強をし、夕食中も英会話のＣＤを流し、疲れたらテレビで英語の映画を観る。家族は迷惑かもしれないが、強制的に一日中、英語漬けにしてしまうのである。こうした生活は長くても1カ月、短いと3日で飽きてしまうので、飽きたら一切やらない。英語学習の王道では毎日英語に触れることが大切だともいわれるが、私の場合、再び英語に興味を持つまでやらない。他の人には常識でも、自分に窮屈なことはしない。実際、幾度かこれを繰り返しているうちにアメリカに行っても、仕事で会話に不自由することは少なくなった。

大学時代から続けている空手も同じだ。師範には怒られるだろうが、気が向いた一定期間は生活が空手一色になる。空手漬けの時は、早朝の出社前に空手の稽古に励んで一汗かく。仕事中も気がつくとすり足になっていたり、手に取る本も空手や武道関係になったり、暇があれば拳立て(けんた)をするなど端から見ても空手バカ一代状態になっていく。それでも、ある日、急に飽きてしまう。一旦飽きてしまうと、すり足もしなければ、本も読まない。もし、私に持続力があれば今頃は牛でも熊でも素手で倒せたかもしれないが、そうはならなかった。

こうしたことを繰り返してきたのだが、それではいけないと常識に生きようとしたのは遠回りだった気がする。もちろん、私のやり方は王道ではない。だが、しがらみにとらわれない都会の人々や文化と触れあう内に、ビジネスの面でも形にとらわれずに、もっと「非常識」にふるまってもよいのかもしれないとの思いを深めている。今までの経営人生をふり返ってても常識や形にとらわれたときこそ、私は失敗してきたのだから。

ただし、伊勢という基本があればこそ、都会に流されずに済んだとも思う。余談になるが、日本商工会議所青年部（「若き企業家集団」のコンセプト、Youth, Energy, GeneralistからＹＥＧと称される。全国45道府県に３万人の会員がいる）で、伊勢という地元を俯瞰することでそれを実感できた。伊勢ＹＥＧから始まり、20代半ばで入会し、45歳になるまで活動を続けた。角屋の経営が落ち着いてきた頃から、伊勢市の副会長、三重県連副会長、東海３県（愛知、岐阜、三重）地区会長、そして全国「日本ＹＥＧ」の副会長を務めたのだ。発言が全国規模で受け入れられる経験は、大きいステージでも自分が通用するという自信にもなり、また、伊勢という地元の存在に回帰するきっかけともなった。

「日本ＹＥＧ」副会長就任の頃には、東日本大震災が起き、被災地の商工会議所や避難所をまわった。細かい情報の重要さと同時に常日頃のコミュニケーションの効果を痛感し、全国を北、中、南の大きな３地区に分け、何があっても３地区のどこかは生き残るだろうからと、それぞれ属する商工会議所をつなぐ超広域災害が起きた際のシステムをつくったのだ。つまり、伊勢の場合は山形県酒田市、愛媛県大洲市のＹＥＧと（規定が変わり数は後に増えた）、全国大会などでも同席し、普段から連携する。このシステムをつくるために学んだことは、今も生きている。ＹＥＧでは、このシステムに沿って、地域を越えての連携がすでに始まっているそうだ。

無人島での酵母採取の結果

　ここのところ私と一緒に「発酵」している人を紹介しよう。そのひとりは森孝徳（たかのり）さんだ。岐阜の飛驒高山で瓦屋の3代目をしながら、沖縄北部の屋那覇（やなは）島という無人島を貸し切ってお客さんに遊んでもらうサービスを提供されている。携帯電話も預けて、火おこしから自炊する。最低限の備品しか置かずに「非日常」をつくり出すのだ。

　インターネットで利便性を享受できる時代だからこそ、不便のおもしろさ、生き抜く喜びをみんなに体験してほしい、絶対に人生を変えるような体験ができるから広めたいという情熱で無人島事業を始めた青年で、その想いに私は感化され、少し前に森さんの案内で島を訪れた。感化され、と書いたが、実のところ、森さんの話を聞いていたら「無人島で酵母を採取してみたい！」との気持ちが抑えられなくなり、奄美大島での講演依頼にかこつけて行ってみたのだ。屋那覇島は24万坪で東京ディズニーランドと同じ大きさとか。バカンス気分だったし、南方の無人島ならば手つかずの自然があり、糖度の高い樹木が豊富に生えていて「酵母採り放題だろ」と気楽に行ったら、森さんが「花ですか？　咲いているのは見たことありませんよ。果物なんてあるわけないじゃないですか」と道中に笑いながら言うものだから、こちらは焦るばかり。

酵母は糖分がある程度集まっているところが採取しやすい。例えば、エールビール造りに使われる酵母のサッカロミセス・セレビシエ（パンや酒をつくるのに古くから使われてきた代表種）は花や果物、樹液などにつく。ところが、島には、花や果物が一切ない上に、上陸時に雨があがったばかりだったので、酵母が本来ついている場所から流れてしまっていた。おまけに、風があって、鼻がききにくい。「このままだと文字通り遊びにきただけになる！」と必死に発酵のにおいをたどっていったら、榕樹の木の下の酵母を採取できたのだが、残念ながらビール造りには不向きな酵母だったので、リベンジを検討中だ。

発酵しちゃっている「変人」たち

森さん以外にも、発酵中の多くの人との出会いがあったが、大阪大学医学部教授の吉森（よしもり）保（たもつ）さんもそのひとりだ。遺伝学教室の教授で、専門は細胞生物学だから遺伝学のイの字も知らないと謙遜されるが、会う度に驚かされる。細胞の中で古くなったタンパク質を分解してリサイクルさせる現象を「オートファジー」というが、ノーベル賞を受賞された大隅良典（おおすみよしのり）氏とともにその研究に携わってこられた第一人者だ。ストックホルムでの授賞式にも出席されたとかで、雲の向こうの話に聞こえたものだ。

先日お目にかかったときに、「鈴木さん、電顕（電子顕微鏡）でＫＡＤＯＹＡ１の写真撮りましょうか？」とおっしゃっていただいた。この酵母の細胞の内部構造に学術的な興味を持たれたようだが、ノーベル賞に近しい方に電顕写真を撮ってもらえるなんて、まるで、篠山紀信氏に「お子さんの写真撮ってあげましょうか？」と、言われたようなものである。一も二もなく、お願いしたところ、随分とお手間をかけたが、ある日「撮れました」というメールと共に、たくさんのＫＡＤＯＹＡ１の電顕写真が届いた。

ＫＡＤＯＹＡ１は私が伊勢の山から取ってきて単離した酵母で、この酵母の研究で私は社会人入学した三重大学で博士号を取得している。アメリカンエール酵母とベルジャン酵母の中間的特徴を持った酵母で、これをビールに仕上げたのが「ＨＩＭＥ　ＷＨＩＴＥ」であることは先述したとおりだ。ＫＡＤＯＹＡ１は私にとって親孝行な愛すべき子だ。博士号取得は酵母研究のおまけのつもりだったが、名刺に「Ph.D」とあるだけで、海外での待遇が大きく変わったし、ヒメホワイトは人気を呼び、ビールの品評会での評価も高い。その愛しい子の写真を激写できたというのだから感極まってしまうではないか。

私が「酵母の鼓動を感じてるか！　酵母と対話してるか！」と酵母愛をどれだけ唱えようとも、周囲には今までまったく響いたためしがない。妻には呆れられ、社員にすら「酵母はわかってくれませんよ」と冷たく返されることもあるというのに、こんなに酵母について共鳴できる人と知り合えるなんて、人の縁とは不思議なものである。

私の酵母愛を冷めた目で見つめる妻だが、「あなたは人に恵まれている」とよく口にする。これは私も自覚している。ここまで何人ものすばらしい方々と知り合えたのは運もあるが、一方で、呼び込もうとする努力はしてきたつもりだ。口を開けて待っているだけでは「運」には巡り会えない。私に限らず、多くの人は素晴らしい人や人生を変えかねない人に、すでに出会っているのだ。重要なのは自分がその出会いを人生を変えるきっかけとして、つかむかつかまないかの差なのだ。では、どうすれば、つかまえられるか。それは、結局、あなたがどのような目的を持って生きているか、何かに没頭しているかということに尽きる。それさえはっきりしていれば、東京だろうと伊勢だろうと関係ない。

こうした人たちが私に会ってくれるのも、伊勢の餅屋のせがれが、なぜか世界と互角に張り合うビールをつくっているから、面白がってもらえたわけだ。

ニューヨークのレジェンドに出会えた

本業でも素晴らしい出会いがあった。ブルックリン・ブルワリー（ＢＢ）の創業者のひとりであるスティーブ・ヒンディーだ。スティーブは私たち、クラフトビール関係者からすれば生ける伝説だ。米国に「クラフトビール革命」を起こしたパイオニアとして知られ、私からすれば雲の上の存在だ。

元々は大手メディアのAP通信の記者で、1980年代前半、中東特派員として働いていた時、現地で飲酒が禁止されていたため、自宅でビールの醸造を始めたのが醸造家としての第一歩であった。マニラ支局への転勤を命じられたが、家族が反対。ニューヨークでのデスクワークを選ぶも、内勤は性分に合わないとAP通信を退社する。故郷のブルックリン（ニューヨーク市の街区）で、88年についに、近所に住んでいた銀行員のトム・ポッターと一緒にBBを設立した。故郷で創業したと書くと格好良いが、地代が安かったからというのが本当のところらしい。ブルックリンは、もともと工業地域だったが、安い土地を求めて工場が次々と転出。橋を超えればニューヨークの中心だというのに廃墟が増えた街には、麻薬の売人や売春婦があふれて、市内でも特に治安の悪い地域の一つに数えられていた。

米国では84年から10年間でマイクロブルワリーとブルーパブ（醸造設備のあるパブ）が爆発的に増えたといわれ、BB設立前の時点でブルックリンだけでもすでに48社ものブルワリーがひしめき合っていた。彼らがビール造りを志したのは、他の新興ブルワリーと同じで、「米国のビールはどれも同じ味がする」という均一化への抵抗だった。

その中でＢＢは頭一つ抜けだし、世界的な成功を収めた。今では、米国でのクラフトビール生産量の11位にまでのぼりつめている。「ブルックリン・ブラックチョコレート・スタウト」、「ブルックリン・イースト・インディア・ペールエール」などのヒット作を生み出す一方で、個性的な味わいのビールを「シークレットビール」として醸造。内容を明かさずに飲んでもらう趣向だ。大衆にアプローチしながらも、愛好家をうならせ、ファンを増やしていった。また、「Ｉ♡ＮＹ」のデザインをつくったミルトン・グレーザー氏にロゴのデザインを頼むなど創生期から、ブランディングにも余念がなかった。ちなみに、資金に乏しかったＢＢが超有名デザイナーを口説いた文句は「ブルックリン・ブルワーのビールを永久に無料にする」だったとか。

ＢＢは街のイメージまでをも変えた。94年に就任したニューヨークのルドルフ・ジュリアーニ市長による治安改善への取り組みが効果をあげたのも大きかったが、ＢＢの持つ「クールで反主流の文化」のイメージが広く発信されたこともあり、ブルックリンには芸術家やデザイナー、作家が移り住み始めた。

そんな、ビールの常識を変え、街まで変えたいわば「レジェンド」と知り合うきっかけを作ってくれたのはキリンビールだ。キリンは２０１６年にＢＢと資本業務提携を結んだ。キリンが24・5％出資し、ＢＢの主力の「ブルックリンラガー」を日本国内で生産している。

角屋もキリンとは業務提携関係にある。現在、キリンが独自開発したクラフト専用の小型サーバー「タップ・マルシェ」にビールを供給している。タップ・マルシェは、3リットルのペットボトルに詰めたクラフトビール4種類が簡単に提供できるシステムで、約20銘柄が揃っており、店側がそこから選べる自由さもあり全国の飲食店7000店に導入されている。角屋の銘柄では「ペールエール」と「ヒメホワイト」が採用されている。最初に声をかけてもらった時は、大企業ということで構えていたのだが、付き合ってみればビールへの愛情や真摯な態度には唸らされるばかり。東京に出張したときは、飲みに行くこともある。蛇足ながら、醸造設備を持つレストランであるキリンのレストラン「スプリングバレーブルワリー東京」はその醸造設備が透明な強化プラスティックで特別に作られており、発酵中のビールの様子を直接見ることができる。角屋のような小さな企業ではできないことだけに、うらやましい限りだ。

そのキリンと提携を結ぶ時に、関係者がスティーブと一席設けてくれたおかげで、発酵野郎同士、非常に気が合ったというわけだ。創業当時の設備投資をせずにいかに企業として成立させるか、といった角屋と同じ悩みもあり、苦労話などに花が咲いた。「発酵は国境を越える」というのが私の信念だが、まさにその通り。スティーブが「今度、ブルックリンに遊びに来いよ」と誘ってくれたので時間ができたら、酵母採取も兼ねて出かけてみたい。

6章　伊勢をもっと発酵させてやる

情報の集積地である、船着き場で街道筋

「江戸に多きもの、伊勢屋、稲荷に犬の糞」という江戸時代の言葉をご存じだろうか。伊勢商人の店の数は江戸っ子が陰口をたたきたくなるほど多く、ある町の一町のうち、半分を占めていたとの記述も残っている。

昔から伊勢は商業活動が盛んだった。東京・大阪の道中にあり、京都・名古屋に接して、古くから東西の文化が交じり合う。近世になり、伊勢神宮の参拝客がもたらす情報が商人達の行動を後押しし、江戸や大坂で活躍する多くの伊勢商人を生んだ。

当時は情報の伝達が極めて遅く、手段も限られていた。伊勢には参拝客が全国から集まるので、他国人との接触も自然と多くなり、効率よく膨大な情報を収集できたのだ。

その点では、独特の御師（おんし、と伊勢では呼ぶ）の存在が大きかった。御師とは神宮の下級神職で、全盛時代には伊勢に１０００軒あったとも聞く。祈禱の委託や参拝者の宿泊、案内を生業として、各地の檀家と伊勢を往復しながら、御祓をしたりお札を配ったり、また伊勢参拝を勧誘して、その世話をも担った。つまり今でいう旅行代理店でもあり、宿泊先でもあり、そして伊勢神宮出張所を兼ねていたようなものだ。この御師は伊勢と各地を細かくつないでおり、ひとつの情報ネットワークにもなっていた。

現代でも式年遷宮のたびに参拝客が集まるが、当時の熱狂ぶりは想像を絶する。同じ三重、松阪の本居宣長の『玉勝間』には１７０５（宝永２）年の伊勢神宮参拝についての記述があり、４月９日からの50日間に、じつに３６２万人が訪れたという。当時の日本の人口が３０００万人ほどだったことを考えると、10人に１人以上という驚くべき数字である。江戸時代のこうした集団参拝ブームはほぼ60年おき、特にありがたい年とされた「お蔭年」に繰り返し発生している。街道は人であふれ、船着き場は客が鈴なりになったらしい。

全国各地の参詣者が陸路で伊勢に入る中で、舟で伊勢湾を横切り、伊勢の街を貫流する勢田川をさかのぼって、上陸した人たちもいた。この船着き場の横に、二軒茶屋餅角屋本店があり、かつては参拝客が船上で太鼓や笛、鉦ではやしながら景気よく繰り込んできたという。１８７２（明治５）年５月には明治天皇が西国ご巡幸で鳥羽まで軍艦で移動され、その後小舟に乗り換えて二軒茶屋に上陸され、伊勢神宮に向かわれたこともある。この時のお供の名を記した供奉には西郷隆盛の名が残されている。

余談だが、私の父は店の砂糖蔵を改装し、民具館を1993(平成5)年にオープンさせた。お伊勢参りに使われた帆掛け舟を復元した模型などを展示している。

小舟で勢田川をのぼってきた参拝客はそこで下船し、外宮まで歩いたのだが、お伊勢参りの慣習として二軒茶屋餅を食べて参拝に行くリピーター客に支えられ、店は繁盛した。

つまり、お伊勢参りは商人に情報だけでなく、潤沢な貨幣をもたらした。日本の人口の10分の1が2カ月弱の間に来集するわけだから、とてつもない経済圏であることが想像できるだろう。情報と貨幣を使いこなすことで伊勢商人は成功を収めたのだ。

ホームブルーイング特区構想

江戸時代の伊勢は「お伊勢さん」「大神宮さん」で親しまれたが、天照大御神を祀る内宮と衣食住・産業などを守る豊受大御神(とようけ)を祀る外宮を結ぶ古市(ふるいち)参宮街道には、遊郭や芝居小屋などが立ち並んだ。古市は江戸の吉原、京都の島原と並び日本三大遊郭のひとつに位置づけられ、現在も江戸時代の遊郭の面影を残す旅館が現役で存在する。

聖と俗が混在しての伊勢でもあり、俗なるモノが適度にある方が活力のある街のように思う。時代や情勢を考慮しなければならないが、かつて地元の集まりで、「カジノを誘致するとどうなるだろう」と問いを投げかけたら芳しい反応はなかった。

カジノは異色かもしれないが、私はこれまでいろいろと地域振興策を呼びかけてきた。その中でも実現できずに残念なのがホームブルーイング特区構想だ。家庭ではビールをつくれないが、そのような規制がある先進国は日本だけ。つくってみたい人は山ほどいるはずなので、伊勢に特区をつくって、少量でのビール製造を許可すればよいというのが「ホームブルーイング特区構想」だ。

酒造りの世界では、自宅でビールをつくることをホームブルーイングといい、ほとんどの先進国においては合法である。

一方で、日本では、アルコール度数1％未満の自家醸造は合法であるが、これではビールとはいえず、ビールの自家醸造は実質的に違法となる。世界的に見れば、自家醸造に対する法規制において、日本が特殊な国であることがわかる。

16年、私は伊勢市に、この自家醸造ができるホームブルーイング特区をつくってはどうかという提言書を提出した。伊勢市が、全国に先駆けてホームブルーイング特区となった際は、唯一合法的にビールを自家醸造できる地域として、全国から注目を集めるだけでなく、潜在的ホームブルワーの伊勢移住への強い動機付けになると考えたからだ。

この構想を実現するためには、地域にホームブルーイング関連の情報の集積と、関連ショップの開設が必須だろう。そのためには、クラフトビールに対する広範な知識と経験、先進地であるアメリカとの交流がある企業が必要不可欠だが、角屋はその条件の多くを持ち合わせている。

アメリカにおいては、州ごとに法規制が異なるが、現在は全州でホームブルーイングが解禁されている。少し古いデータだが、16年10月時点で、アメリカでは、120万人のホームブルーイング人口があり、そのうちの3分の2は、05年以降に始めた人たちである。

日本でも、古来から自家醸造は各地で行われていた。それが禁止されたのは、1899(明治32)年のこと。当時、税収に占める酒税の割合がなんと35・5%となり、酒税の高額さから密造酒が増加し、政府は税収確保のため自家醸造を禁止し、取締りを強化した。

それがいまでは、税収に占める酒税の割合は、わずか3%未満である(2015年度)。

12年11月9日、日本自家醸造推進連盟会長山中貞博氏らが、参議院議員会館において、公明党副代表の松あきら氏に、手造りビールなど自家醸造の解禁に関する要望を訴えたが、法改正されることはなかった。

とはいえ、19年現在、業界団体の見解としては、今後の消費税の増税に伴い、酒税の割合はさらに減り、ホームブルーイングは緩和の方向に向かうと予測している。インターネット上には、自家醸造に関する情報が多数あり、国内での潜在需要の高さがうかがえる。

実現すれば、日本中から、もしかしたら海外からもビールをつくりたい人が集まるだろう。私が造り方を教えるし、仕入れているホップや酵母を小分けして売るなどすればノウハウやビール業界に接点がなくても、材料を手に入れることもできる。商店街にクラフトビールの街ができたら、イベントも開かれ、より人が集まり、地域経済も活性化する。こうした草の根の動きが広がれば、クラフトビールの品質の底上げにもつながる。国際観光都市を目指す伊勢にとって、伊勢市がホームブルーイング特区になれば、魅力はさらに増すはずだ。

これはかなり真剣に考えたプランで、分厚い企画書まで作って伊勢市に働きかけたが、反応が恐ろしいほどになかった。あまりにも悔しかったので、国税局や他の市町村に話したら、面白がってくれて実際に動き出した自治体もある。社業が急に忙しくなってしまい、手が回っていないが、ホームブルーイング特区構想は是非、伊勢で実現したい。虎視眈々(こしたんたん)とその機会を狙っている。

まずは伊勢から「三重県クラフトビールの会」

多くの人に自らつくる経験があるからこそ、一流シェフの料理の味や盛り付け、アイデアやきめ細かな作業の詳細に感動するのだと思う。

米国ではクラフトビールのブームの基盤になったのは、70年代末から徐々に増え始めた個人のブルワーたちだった。街中にはビール関連の用品店があり、ホップなどが売られていて、彼らはそのような場所で交流を深めていった。自宅でビールをつくっていた愛好家たちが、自分たちのネットワークのなかで情報を交換、共有し、後にその中から、本格的にクラフトビールを生産する潮流が生まれたのだ。

残念ながら、日本では個人がビールをつくることが法律上できず、ビール造りにおける中間層がまったく存在しない状態にあるため、ビールメーカーの人間や醸造業にもともと知見がある人間か、まったくの素人かに二極化している。海外のように競争原理が働いている状態ではなく、市場の自浄作用が効きにくい（もちろん、あまりにもひどい企業は淘汰されているが）。

味がずれてしまったら、ずれたままつくり続けることになる。これでは「クラフトビールって、値段が高い割にはおいしくないよね」と感じる人が増えてしまってもおかしくない。

こうした事態を繰り返していれば、自ずと業界自体の評判も下がるので、第一次ブームと同じ道をたどることになる。そこで、最近は業界団体など横の連携をいかした活動に力を入れている。

全国地ビール醸造者協議会（クラフトビールメーカーの多くが加盟する団体）では希望する小規模事業者に品質検査などを実施している。「真性発酵度（糖分がどの程度アルコールに変わっているかを示す）」、「ラクトバチルス（＋だと乳酸菌が混入している）」、「ＩＢＵ（苦みの基準）」など項目ごとのデータを出している。

また、18年2月には私の会社を含め三重県内の7醸造所が品質向上を目的とした交流会「三重県クラフトビールの会」を設立した。交流といっても飲んだり食ったりするわけではなく、原料として使う水質や品質改良法などのデータを公開し、助言しあうといったものだ。

私はこの会での活動に限らず、助言を求められれば、可能な限り対応するし、他のメーカーの職場見学や研修も受け入れている。一時は個別企業のコンサルタントとしても呼ばれれば、手弁当で駆けつけていた。

ブームが再燃していることで、業界内には参入障壁をつくろうとする動きも出てくるかもしれない。実際、「クラフトビールとはそもそも何か」といった議論も一部では出ている。

だが、私はみんなで大きくなればいいと思っている。ビール市場全体に占めるクラフトビールの割合が1％から5％になれば市場は5倍だ。狭い市場を、狡猾に取り合うよりも、パイを大きくすれば、みんなが幸せになれる可能性も高くなるし、そっちの方が気持ちが良いではないか。

私は出せる情報は可能な限り開示しているし、助言も惜しまないため、「そんなに情報を出して大丈夫ですか。真似されませんか」と驚かれることもあるが、彼らが近づいてきたところには、私は一歩も二歩も先に行っていたい。こちらは、目指しているところが違う。常に世界一を目指しているのだ。もし、追いついてきたとしたら、それはそれで素晴らしいことだ。絶対に負けないビールをつくろうと私の闘志にも火がつくし、おもしろいではないか。

伊勢商人魂よ、ふたたび

日本中から人が集まることの利点を最大限にいかして活躍したのがかつての伊勢商人だが、最近の伊勢はいささか元気がないようにも映る。伊勢に落ち着き、新しいモノを取り入れよう、挑戦しようという気概が少ない印象を受けるのだ。生まれ育ち、事業を営んでいる身としては、土地はいい具合に「発酵」しているのに、有効に使えていない気がするのだ。

自分の主張が時期尚早なのか、それとも過激に映るのか、提言しても受け入れてもらえない話を紹介してきたが、伊勢も御多分に洩れず「地方」として抱える問題がある。私自身、郷土への思いは人一倍強く、今でも式年遷宮や地元の行事には、我こそはと鼻息荒く関わっている。遷宮で新しい社殿の周りに石を敷く「お白石持行事（しらいしもち）」には地区ごとに構成された奉献団が参加するが、私の祖父も父も団長を務めている。私も可能ならば経験したい。

地元の同世代の経営者と伊勢の未来を語ることもある。「G8」の会だ。政治経済の世界でG8といえば「主要国首脳会議」だが、伊勢の社会でG8といえば泣く子も黙る「外宮（げくう）前8人衆」だ。というのは冗談だが、伊勢の外宮前エリアに店を持つ8社の40～50代の経営者が集い、語らう会だ。単なる飲み会のように映るだろうが、その通りで、限りなく単なる飲み会に近い。1年に何度集まれるかの親睦会だが、皆で話していると、それぞれに伊勢の将来への展望を描きながらも危機感を抱いており、思いを共有できる。私も彼らも地元への思い入れや期待があるからこそ、現状が歯がゆい。

おそらく、伊勢は恵まれすぎているのだろう。伊勢平野は気候が温暖で山の幸、海の幸に恵まれている。万葉集にも〝美し国（うまし）〟と歌われた。加えて、江戸の頃からは諸国からの伊勢参り客を相手に、街道筋に居ながらにして商売ができたことが伊勢人の気質を形作った。参拝客が全国から集まるので、人との接触も多く、社交性にも富んでいるものの、生活に苦労がないから、自ら言うのも何だが、中庸で温和な気質が形成されたのだ。

これは今でも賑々と伊勢の人々に流れている。日本各地の自治体が観光客の誘致に頭を悩ましている中、のんびりしているのはやはり伊勢神宮があり、黙っていても一定の集客が見込めるからだ。年間800万人を超える人が神宮参拝に訪れ、式年遷宮が執り行われた13年は、約1420万人が訪れた。三重県全体の観光客数が年間約4000万人であることを考えると、いかに神宮の存在が大きいかを理解してもらえるだろう。

伊勢のみならず、三重県には他の県に誇れるものが多くあるのに、全体に押しが弱いこの性分は県民性だろうか。伊勢エビ、アワビなどは有名だが、実は、「天むす」の発祥も三重にある店なのだ。ただ、のれん分けした名古屋の店から「天むす」の人気に火がついたことから、いつの間にか名古屋の名物になってしまった感がある。「天むす」だけなら大した問題ではないかもしれないが、明らかに競争社会では損をしている。統計指標を見ても、面積、人口、労働力比率など47都道府県のうち20番台半ばが多い。経済活動も民度も中くらい、というわけだ。長い歴史を持ちながらも、その歴史を十分に生かしきれていない感が拭えない。

伊勢内宮前の店舗にいると、通りは平日の昼でも常に人で賑わっている。ただし、見ていると日本人が多く、海外から訪れている人が明らかに他の観光地に比べて少ないのが特徴的だ。実際、県のまとめでは伊勢神宮への訪日外国人客数は10万人程度で、参拝者数全体の1％強だ。つまり、対外的なプロモーションをしなくても、ある程度の国内からの客が、伊勢神宮の圧倒的存在感で見込めるから、積極的に手を打てていない。

海外の人たちに伊勢をいかに打ち出すのか。伊勢は京都や奈良、北海道、沖縄などに比べると認知度は低いが、海外審査会の雑談などで「天皇陛下の先祖のお墓があるんだよ」と語ると、「おお、ほんとうか。日本中の人はみんなそこに行くのか！」と身を乗り出してくれる。特に米国人は国の歴史が浅いこともあり、神宮の長い歴史に興味津々だ。

伊勢の良さがわかるのはよその人

私自身、伊勢に生まれ育つと自ずと数々の祭事が暮らしに密接しているから伊勢人である意識はもともと強い。伊勢のビールメーカーだという自負もある。

角屋は伊勢の片田舎の零細企業だが、東京、大阪、名古屋、果てはアメリカからもクラフトビールに魅せられた入社希望者が来てくれている。今も、またまたアメリカ人の採用希望者が来てくれており、採用したものかどうか迷っているところだ。

醸造所のスタッフとしてもイベントの参加者としても、クラフトビールにはなぜだか人が集まる。

おそらく、クラフトビールの持つ自由さとスピード感が大きいだろう。何度も書いているが原料には多くの種類があり、ビールのスタイルは数多く、今なお増え続けている。スタイルの下の分類、サブスタイルまで入れると175、把握するのが大変なほどだ。それほどまでにビールは自由なのだ。そして、仕込みから出来上がりまでの時間が、最短で1カ月程度ととんでもなく短い。となれば、素早く試行錯誤を繰り返せる。クラフトビールメーカーの多くが非常に小規模なこととも相まって、あわよくば素人でも、必死に学べば翌年には自分で仕込んだビールの醸造ができ、そこで認められる。研鑽を積めれば、最短で入社3年後にビールの世界大会で表彰台に立つこともあり得るのだ。――そんな可能性を秘めた業界を他に知らない。あえて言うならアイドルだろうか。ただし、世界的アイドルになるより、ビールの世界大会で優勝する方が圧倒的に簡単である、これは断言できる。

また、ビールはイベントで出すと集客能力が高い。酒が生み出す空気は人々を和ませ、人間同士の距離感を縮め、何かが始まることも多い。中でも、比較的低アルコールで爽快な飲料であるビールはどこか明るいので、世界各地のビールの祭典は、多くの人々が一様に笑顔に包まれる空間となっている。

08年に亡くなられた村田仙右衛門(せんえもん)さんの話がいまだに忘れられない。村田さんは雑貨問屋の老舗「角仙合同」の経営者で伊勢商工会議所会頭を6期18年務め、神宮、行政、民間の橋渡し役として、戦後の伊勢のまちづくりに尽力された功労者だ。

村田さんが「伊勢の良さがわかるのはよその人だろう」と話されていたことを思い出す。できることなら、よその空気を入れて、伊勢の地に眠る多くの資源をもっと発酵させていきたいものだ。ビールで言えば、製造工程では後から加える酵母が麦汁の糖分を栄養とすることで、その副産物としてアルコールと香りを生み出す。伊勢の豊富な資源を伊勢の人のみならず、そのほかの土地からくる方々、できれば海外からの方々も交えて発酵できればいいのだ。

伊勢のほんの片隅からビールを通して新たな「発酵」を始め、これまでになかった香りや味を生み出していくことができたら幸せだ。それは約450年の歴史を持つ私の会社を腐敗させずに「発酵」させることにもなる。かつての伊勢がそうであったように、人が集まれば化学反応は起きる。

雇用も生まれ、外から来た人と地元の人の交流が発生し、お互いの人生に新たな視点も持てるようになる。長い歴史の上に新たなものを取り込んでいけば、これまでと違った「発酵」が成しうるのだ。その積み重ねで伊勢は発展してきたのだから、これからもできるだろう。

7章　こんな奴が成功しているクラフトビール界

ライバルはと聞かれたら

　クラフトビールの受賞も多いことから、「ライバルはどこですか」と聞かれるようになった。国内でも、ネストビールや箕面（みのお）ビールなど、すぐれたブルワリーはここで挙げきれないほどある。もし世界に目を向けるとするなら、クラフトビール界にその名をとどろかし、誰もが無視できないのはイギリスのブリュードッグの存在だろう。

　ブリュードッグはジェームズ・ワットとマーティン・ディッキーの2人がスコットランドで設立した。50カ国以上でビールを販売し、売上高は４５００万ポンド（約83億円、２０１5年）を超える。

　会社の規模から老舗に思われるかもしれないが、設立は２００7年。私がビール事業を立ち上げた時期より10年も遅いが急成長を遂げている。

ブリュードッグは過激なプロモーションで知られる。そんなにやらなくていいのではと、こちらが心配になるくらい過激だ。例えば、大通りを戦車で駆け抜けて新製品を告知したかと思いきや、オコジョやリスの剝製に入ったアルコール度数55％のビールを販売したり、バイアグラ入りのビールを発売したり、英国議会議事堂に創業者２人の裸の影を映し出したこともある。バーで法規制されているよりも小さいグラスでのビールの提供許可を求め、ホルモンの分泌不足などで低身長な人を雇い、胴の前面と背中の両方に「小さいことは悪いことか」と宣伝用の看板を取り付け、議会に訴えたこともある。

パフォーマンスばかりが耳目を集めるが、ビールへの造詣(ぞうけい)は非常に深い。ワットはブリュードッグ設立前は漁船に乗っていた変わり種だが、大学では法学と経済学を学び、弁護士資格も持つ理論派だ。大学時代、ワットとルームメイトだったディッキーは大学で醸造と蒸留を学んでおり、当然、微生物の知識も豊富に持つ。

看板商品である「パンクＩＰＡ」は、英国と北欧で最も飲まれているクラフトビールの銘柄になっている。大量のホップを使い、強い香りとグレープフルーツのような苦みが特徴だ。過激なキャンペーンとは対照的に計算を尽くし、丁寧にビールを造りこんだ痕跡がうかがえる。おそらく２人は自他共に認める根っからのビールオタクだろう。

メディアのインタビューでもクラフトビール造りに乗り出したのは、「心から飲みたいと思えるものが世の中になかったから」と語っている。「パンクの精神」を事業の基礎にし、「革命戦争を始めよう」と呼びかける彼らには、世界中に多くのファンが存在する。

17年の秋、私は工場長の出口善一と、当時の品質管理責任者の金沢春香とアメリカ西海岸最北部、カナダ国境に近いヤキマバレーでブリュードッグのスタッフたちに出会ったことがある。

ヤキマバレーとは、全米最大のホップの産地だ。私たちはこの地にある、世界でも最大級のホップのサプライヤー、HAAS社の招きで、その年のホップの作付けを見に来ていた。夜、バーで3人で飲んでいると、出口が「あれブリュードッグじゃないですか?」と私にささやく。見ると、ブリュードッグと書かれたそろいの服を着た数名の集団がいる。声をかけてみるとまさしくブリュードッグのスタッフたちだった。彼らもホップの作付けを見に来ていたのだ。

ただし、半分物見遊山に出かけてきた私たちに対して、彼らは仕事モード全開だった。毎年世界中のホップの産地の現地調査に行くそうで、その準備として、出発前に集まって多くのホップの香りをかぎ、「この香りはこう表現する」「この香りならこの強度で表現する」などすり合せを徹底するという。そして、ホップの産地に着いたら、それぞれ散って、少しでも多くのホップを調査し、夜集まって情報を共有する。徹底的に官能評価のレベルと表現を事前にそろえてあるからこそできる技である。これ一つをとっても、彼らの思考は合理的だ。同時に科学的にアプローチしているからこそ、誰よりも訴え方が過激になるのだと確信した。

反骨精神を表現するビール

既存体制へのカウンターカルチャーとして生まれたのが、クラフトビールであることはご存じの人も多いだろう。多くのクラフトビールメーカーには大なり小なり既存の体制への反発がある。商業主義一辺倒の大手メーカーへの抵抗感を消費者と共有するからこそ、大手ビール会社や業界団体をからかうようなブリュードッグの言動が受け入れられる余地がある。

既存体制への反発、反骨精神は、特にアメリカのクラフトビールメーカーに顕著だ。米国は元々、町ごとに小さな醸造所があったが、１９１９年の禁酒法以降、衰退の道をたどった。大恐慌後、フランクリン・ルーズベルト大統領が公約通りに禁酒法を廃止させたが、生き残ったのは大手酒類メーカーのみ。彼らがつくるのは低温で長時間発酵させた「ラガー」ビールで、軽いのどごしが特徴だ。

その後も長らく巨大資本がビール市場を席巻していたが、79年にホームブルーイングが認められたことで、潮目が変わる。欧州で親しまれた、高温で短時間熟成させる「エール」ビール造りに実験的に乗り出す動きが出てきて、今や米市場で一定の存在感を占めるまでに成長している。地元の小さな醸造所が長年、安定的に運営されてきた英国やドイツなど、ヨーロッパ勢とは動きが対照的だ。こうした歴史的背景もあり、米国人の多くは反権威的態度を隠さない。わかりやすい話としては、彼らはスーツを着ない。

世界最高峰のビール品評会が大きく2つあると書いた。「ビール界のオリンピック」と呼ばれ、細かいスタイルごとに順位を決めるワールド・ビア・カップ（WBC）と、「ビール界のオスカー」と呼ばれるインターナショナル・ブルーイング・アワーズ（IBA）だ。

この2大コンテストは表彰式の雰囲気もまったく異なる。米国で開かれるWBCはTシャツにジーパン姿でみんなでわいわいがやがや楽しむが、英国のIBAはロンドンのギルドホールで開かれる。ギルドホールは15世紀に建設された、言わずとしれたロンドン市の象徴的建築物である。表彰式には、イギリスの名士もずらりと並び、厳かな空気が漂う。私も17年に角屋のビールが念願の金賞を受賞し、袴姿で参加したが、そのIBAの表彰にも米国人の中にはワークシャツで参席する強者がいる。空気を読めないというより、あえて読まないのかもしれない。

そんなに尖らなくてもよいと思うが、彼らはスタイルを崩さない。スーツを着るのは「あっち側」の行為であり、ダサいという態度なのだ。格好だけではなく、会話や態度も尖っている場合が多い。審査会でテーブルリーダーをしていても、同じテーブルにいると、議論が活発になっておもしろいものの、「あちゃー」と頭を抱えることもある。彼らには「俺のビール最強」という強力な自負があり、審査でも「俺の認めるビール以外はビールじゃない」「こんなのビールとしては認めない」と声高に言い出すことがある。まとまる意見もまとまらないので「ええ加減にせえよ」とも思うが同時に「そうこなくっちゃ」とも感じる。これがアメリカの強みに思えるのだ。自信満々なだけあって、ビールづくりには真摯だし、良いモノをつくる。

度肝を抜かれたうまいビール

米国勢の中には、これまでいくつも度肝を抜かれたビールがあった。中でも、アメリカのドッグフィッシュヘッドが生み出したクラフトビール「ワンハンドレッドトゥエンティーミニッツＩＰＡ（１２０分ＩＰＡ）」には頭を殴られるような衝撃を覚えた。

少し前の話だが、アメリカのバーで飲んでいたら、かなり遠くから強烈な香りが漂ってきて、店の人に「あれはなに」と聞いたら、それが「１２０分ＩＰＡ」だった。その名の通り、

120分の間に大量のホップを煮込むという手間がかかる製法のビールだけに、香りが非常に複雑だ。アメリカンホップの典型的なグレープフルーツの香りが強烈ながら、柑橘の皮のような苦味・渋味もある。

通常、ホップの煮込み時間が長くなれば苦みが増すし、逆に香りの良さを引き立てたいなら浅く煮込むが、この商品はバランスが悪くない。ホップの苦味もあるが、甘味もかなり強く、飲みにくくはない。飲んでみて言葉を失ったビールの一本だ。このビールは、その前からあった「ナインティーミニッツIPA（90分IPA）」の改良版で季節限定商品だが「90分IPA」は今でも手に入るので気になったらぜひ味わって欲しい。「アメリカ最高のIPA」と評されたビールだけにがっかりすることはないだろう。

ファイアーストーンウォーカーについても触れておきたい。この小さなブルワリーはアメリカ人のアダム・ファイアーストーンと、彼の義理の兄弟でイギリス人のデビッド・ウォーカーの2人がカリフォルニア州のサンタバーバラのワイン畑の隅で始めた。設立からわずか20年足らずのうちにグレート・アメリカン・ビア・フェスティバル（GABF）、WBCでそれぞれ4度の栄冠を手にし、全米最高峰の評価と名声を得る人気ブルワリーへと成長を果たした。

角屋では、自分たちのビールの品質の確認と向上のために、定期的にテイスティングを実施している。その際に自身のビールに加えて、世界中の有名なビールと比較テイスティングをすることも多い。受賞ビールや話題のビールなどを、社員がテーマを決めて持ち寄るのだ。

15年のある日、テイスティングの席でこのブルワリーのビールと出会い、虜になった。「Easy Jack」と「Union Jack」というその２つのビールはどちらも目の覚めるような透明感のある鮮烈なホップの香りを放ちながらも、ビールの甘みもあり、素晴らしいバランスを保っていた。ビール審査員ならずとも誰もが「うまい」と叫ぶであろう完成度の高さには唸るのみ。以来、ファイアーストーンウォーカーには、尊敬とあこがれと、同じだけの大きさのライバル心を勝手に抱いている。

とはいえ、あれほど強烈なビールを世に送り出し、一世を風靡しながらも、ドッグフィッシュヘッドには今や一時期の存在感がない。クラフトビール業界の栄枯盛衰の早さを思い知らされもする。

社名のドッグフィッシュヘッドはサメの一種だが、その名に違わず、アメリカのビールイベントで出会った彼らは、妙に高飛車で、「俺のビール最強」がそのまま出てしまっているタイプに見えた。モノづくりに携わる人間にはある程度必要な気構えだが、私の20年の経験では、他のビールも認めた上での「俺のビール最強」という醸造家の方が生き残っている。お互いに認め合い、良いところは取り入れ、負けてたまるかと自社のビールを向上させる。

製品サイクルの流行り廃りも早い業界だけに、他社の良さを取り入れていかないと追いつかないし、そういう姿勢が業界全体を底上げすることにもつながる。

審査は誰でもできる、鍛えられる

出会いが多いだけでなく、ビールの審査はそれ自体がとてもおもしろい。
例えば、スタイルを考慮するタイプの審査会は概ね次のような手順で進められる。

①　審査員たちは、４名から６名程度のグループにチーム分けされ、チームごとにテーブルを囲む。

②　それぞれのセッションごとに今からどういったスタイルのビールを審査するかを知らされ、予選であれば、そのテーブルでいくつのビールを落とし、いくつのビールを次のステージに上げるのか指示される。決勝では、受賞ビールを指名、または受賞に該当するビールがないことを宣言するよう求められる。

③　②を了承の上で、そのスタイルについて書かれたガイドラインを読み合わせる。スタイルは１００以上あり、同内容の日本語版や英語版など各国語版が存在する。

④ 読み合わせた上で、質問や不明な点がないかどうかをすり合わせる。読み合わせが終わると、テーブルリーダーの指示により、いよいよビールがテーブルに配られる。番号が振られた無記名の同じプラスティックカップに入ったビールがボランティアスタッフの手によって審査員の人数×審査するビールの数だけ手際よく配られる。

⑤ 審査員たちは、先ほど読み合わせた内容を頭に入れた上で、外観、アロマ、フレーバー、アフターテイスト、総合バランスの順で評価し、スコアーシートに記入する。因みに主催者や国によって若干の違いがあるが、概ねアロマというのは口に含まずに鼻からかいだ香りのことをいい、フレーバーとは口に含んだ後、舌で感じる味と、鼻から抜ける香りの両方を合わせたものを指す。

⑥ こうして各セッションで一時間程度かけてテイスティングした後、審査員で議論し、次のステージに上げるビールを決める。大きな大会では、一度に数千ものビールがエントリーされ、その一つずつをこうして審査する。審査員たちにとっては気の遠くなるような作業が3日4日と続くのだ。

私は、地道な作業が求められる審査員を長く務めてきたせいか、普通の人ならば気づかない違いでも気になってしまう。居酒屋には大手の瓶ビールでも保存状態が悪いものがある。

そういう時、皆が楽しそうに飲んでいても「酸化しているな」とひとりつぶやいている自分がいる。審査員の悲しい性だ。

このようなことをいうと「元々、においに敏感なのでは」と思われるかもしれない。確かに国内の審査会でも審査スピードがあまりにも早いため、他の人の審査が終わるまで待っていると眠気に襲われることもある。だがこれは先天的なものでなく、明らかに習得したものだ。地道な作業を繰り返して身につけたとしかいいようがない。

ビールにあってはいけないオフフレーバーを判断するときも、「ダイアセチルはあるか」、「DMSはどうか」とビールをテイスティングしながら、ひとつひとつのにおいが含まれているかどうかを探していく。

海外のコンテストに行くとわかるが、外国の審査員の中にはひと嗅ぎ、ひと飲みで、瞬間的にビールの成分を把握できる人がいる。私はそうした瞬間的な反応はできない。勘の鋭い審査員ではない。経験と知識で穴埋めし、判断するしかない。

逆に、天性のものではないからこそ、地道な作業を積み重ねればジャッジはできるようになるということだ。

最初に審査員を志したときに、日本地ビール協会の講習会で最低限の知識を習得し、その後は、定期的に開催されるセミナーで少しずつ覚えていった。会社の中にも基準物質を揃えておき、「自習」も欠かさない。

例えば、基準物質を人間が嗅いでわかるレベルに設定して、薄めていって物質がわかるかを試す。単一の物質ならば、何度か試せばわかるようになるが、複数の物質が入っていてもわかるかは別問題で、審査本番での場数が必要になる。

そして本番、審査会には世界中から凄腕のブルワーが集まる。自分の意見に対する反論で新たな視点を与えられることもあれば、気づかなかった鋭い意見もあり、勉強になる。だが、やはり、数多くのビールを飲むと、経験値を効率よく上げられる。

ビールメーカーの経営者であっても、一日中ビールそのものと向き合うことはめったにないが審査員になると、数日間、朝から晩まで嫌でもテイスティングしなければならない。スポーツの合宿のようなもので、数日間かけていくと、最終日に向けて感覚が研ぎ澄まされていく。これは私だけでなく、全ての審査員に共通していて、おそらく、一日だけで審査しろといわれたら、審査員の採点はばらばらになるだろう。

審査会は私にとってピアノの調律に近いのかもしれない。だから、海外の審査会から帰ってきて私がまずやることは、自社のビールを飲むことだ。研ぎ澄まされた状態の舌と鼻で飲んでみると、「あれっ」と感じることもある。

ビールは、既述したようにある程度は、狙ってつくれる製品でありながらも、できあがりは非常に不安定なものだ。ビール造りは味覚、嗅覚という曖昧な感覚を用いて、不安定な中で一番よいところを探り出す作業でもある。お客さんが飲むときにどうなっているか、味の確認は欠かせないのだ。

オレの飲みたいビールはこれだ

「どういうビールが、結局はおいしいんですか」と聞かれることもある。言語化は非常に難しいが、あえて言えば、「お金を払ってもう一杯飲みたいと思えるビール」となるだろう。フレーバー（香り）がどうこう、ボディー（味の濃淡）がどうのと言ったところで、最後はうまいかどうかだ。

一杯飲んだ後にもう一杯飲みたいと思えるビールは意外に多くない。同じビールを何杯も飲んでもらうためには「飲みやすさ」が重要だが、個性を追求してきたクラフトビールは飲みやすさを意識した辛口（ドライ）よりも甘みを重視する傾向にあるからだ。違和感を抱いてはダメだし、あっさりし過ぎてもダメ。尖りすぎていても、物足りなくてもいけないというわけだ。

ビール界で絶賛され、世界中に愛好家を持つベルギーの「デュベル」はひとつの理想形だろう。アルコール度数が9％近くありながら、スパイシーな香りとホップの苦味がバランスよく融合している。これは非常に複雑な製造工程の産物で、デュベルは1次発酵後、2次発酵を行い、氷点下の熟成に3～4週間かける。それからいったん酵母を濾過し、新たに酵母を加え瓶詰めする。瓶内発酵（3次発酵）を2週間、そして4～5℃での熟成を5～6週間行う。熟成、2次発酵、3次発酵と重ねることで、繊細かつ複雑な香りと絶妙な苦味を生み出す。仕込みから出荷までの日数は90日間だ。通常のビールはおよそ2カ月なので、いかに手間がかかるか、こだわりの製法か、理解できるだろう。

それもそのはずで、デュベルを手がけるデュベル・モルトガット社は1999年に株式上場したが、株主への配当よりも品質を重視したいがために、株主と対立。結局、経営陣が市場の株を全て買い戻し、同族経営に戻した。職人気質のモノづくりを徹底的に貫く姿勢は私も含め世界中のビールファンをとりこにしている。

ちなみに、デュベルの品質の追求は徹底しており、オリジナルのビールグラスの底には小さな「D」の文字が刻まれている。そこから小さな泡が立ち続けるために、ビールの酸化を防ぎ、最後の一滴までおいしく飲める。「D」を目掛けて飲んでいく時間は至福だ。

ビール造りは非常に不安定だと述べたが、もしかしたら、テクノロジーの進展で、「おいしい」ビールを簡単につくれる日が訪れるかもしれない。ＡＩ（人工知能）時代の到来で、人間の持つ知性とサイエンスを組みあわせることで、より正確に短時間で、物事の本質にたどりつく時代がきているからだ。

世界中にはたくさんの種類のビールがあって、それぞれに独特の風味がある。ビールの違いは、原料・酵母種・発酵条件によってつくられる代謝産物の違い、とも言い換えることができる。その違いを、かつては職人が経験と勘によって見分けていたが、科学で代替できるようになりつつある。

すでに食品の持つ香気成分（鼻で感じる香りの成分）を何百も定量分析できる現代では、自分のビールと理想のビールを比べて検証し、理想には何の成分が足りないか把握することができる。

つまり、どういうビールが売れるかは把握できつつあるし、ＳＮＳ上にはビールの評価があふれている。ＡＩを使って解析すれば、どういう香気成分のビールが売れるかも導き出せるだろう。この延長線上で考えると、中長期的に酵母の発酵条件やゲノム情報もそろえば、酵母をどう扱えば最終的に市場評価がどのようになるかまで容易に判断できるようになる。何だか味気ないような気もするが、時代がそちらの方向に向かっているのは確かだ。ビールには科学的視点が必要と強調してきたが、むしろ、科学的視点を持ち合わせなくては太刀打ちできなくなりつつあるのだ。ブルワーも当てずっぽうにモノをつくり、たまたまうまくできたものを「職人の勘」とやたらと称賛するのでなく、サイエンスを武器に鋭角的に物事に切り込まなければ生き残れなくなる。

それでいて、酵母にどういう条件を与えれば、その成分を得られるかはかなりのところまではわかってきているが、完全にはわかっていない。そこが、ビール造りのおもしろいところでもある。あえて言うが、最後に味を決めるのは、人間くさい何かだ。だからこそ、つくり続けるのだ。

世界に広がるクラフトビール

米国でキング・オブ・ビールといえば、誰もが思い浮かべるのはバドワイザーだろうが、クラフトビールはその座を脅かしつつある。ビール市場全体に占めるクラフトビールの出荷量の割合は1割を超え、２０１３年にはクラフトビールの販売数量がバドワイザー単体の数量を上回った。

米国のクラフトビール史を語る上で欠かせないのがアンカー・ブルーイングだ。19世紀末に創業した当時は「スチームビール」の名称で地元のサンフランシスコで人気を博したが次第に衰退し、一時は廃業寸前までに追い込まれた。65年に当時学生だったフリッツ・メイタグが家業の洗濯機製造会社の株を売り、閉鎖寸前のアンカー社を買収。手造りビールをカリフォルニア由来のスチームビールと銘打って、70年代に成功を納める。ちなみに、このアンカー・ブルーイングを17年に買収したのが日本のサッポロホールディングスだ。

米国で本格的にクラフトビールの土壌が整い始めるのに、79年までかかった。ジミー・カーター米大統領（当時）が、地元醸造業者の活性化のため、ホームブルーイングで生産したビールの販売を認めたことが契機となった。実験精神に富んだ若者たちは、欧州で長い間愛されてきたエール造りに乗り出した。このことで、好みに合わせてバニラやコーヒー、果物などの添加物を入れた個性豊かなエールビールが米国の各地に誕生することになる。麦芽の味の強い欧州の伝統的エールに対して、米国ではホップの香りの濃い「米国流エール」が普及した。本来、エールの本場である欧州にも米国流エールが輸出されるなど、世界的にクラフトビールブームが広がっている。

現在、米国の手造りビールマニアの数は約１２０万人ほどと試算されているが、ビールの流通市場の地形図を変えるには多くの時間を必要とした。クラフトビールの販売量が加速し始めたのは、ここ10年程だ。この背景には08年の金融危機やそれ以降のＳＮＳの発達が大きく影響しているとの見方がある。

もともとイギリスやドイツ、ベルギーなどはクラフトビールの宝庫で、ビールを飲む食文化にも一日の長がある。米国は新たな側面を加えることで、それを「再発見」し、市場を変えたと思う。たとえばコーヒーにも同じことが起こっている。その「再発見」の中で「自ら飲むビールをつくる」ことは重視、というよりも憧れとなっているように思う。「俺たちのビール」をつくることは自らの暮らす土地を愛することにもなっているのかもしれない。

長らく米国でビールはブルーカラーの飲み物とされ、高学歴のホワイトカラーはワインやウイスキーを好んでいた。ただ、リーマンショックに端を発した金融危機はホワイトカラーの財布のヒモをかたくさせ、ワインやウイスキーほど高価でないクラフトビールに人々を向かわせた。ほぼ併行して起きたSNSの拡大は巨大メーカーが一つのモノを大衆に売り込むことを難しくさせ、市場を細分化させている。大手企業が市場を完全にコントロールすることが不可能になったのだ。

こうした動きを大手ビールメーカーも見逃さなかった。バドワイザーを販売するベルギーのアンハイザー・ブッシュ・インベブなどがクラフトビールメーカーを傘下に収めたことも市場拡大を後押しした。米国のクラフトビールの市場シェアを見ればそれは明らかで、08年の4%から15年には12%まで伸びている。

この潮流は日本にも当てはまるだろう。94年の酒税法改正で全国の事業者が参入。第一次クラフトビールブームが起きたが、メーカーの乱立と粗悪な製品の流通で下火になった。それが03年頃から復活の気配が見え始め、ここ数年、キリンビールなど大手ビールが参入したことで、第二次ブームが起きている。

この大手メーカーの動きはクラフトビールの急速な普及につながる可能性がある。というのも、米国ではかつては大手メーカーと酒類卸売業者のつながりが強固で、新規参入のクラフトビールメーカーはレストランなどへの商品販売を自社で手掛ける際に苦労した。一方、日本では大手がビール離れに悩んでいることもあり、クラフトビールメーカーとの協力に前向きだ。彼らにすればクラフトビールは大事な成長分野なのだ。

現時点ではクラフトビールは家庭用が中心であるが、飲食店などでの開拓が今後進めば、日本の市場が急速に変わる気運は高まる。

ちなみに、かつての「地ビール」ではなく「クラフトビール」と呼ばれるようになったのは、米国の影響とも言われるが、首都圏が最大のマーケットになったことが大きいようだ。

8章　日本のクラフトビール新時代に

クラフトビールの業界動向を読む

　個性的なクラフトビールが広がっていく世界の中で比べると、実は日本でのビール造りは重いハンデを背負っている。

　最近の酒税法の改正で２０１８（平成30）年4月以降、ビールと名乗れる要件が緩和された。麦芽の使用率は従来の３分の2以上から2分の1以上に引き下げられ、米やトウモロコシに限られていた副原料は、麦芽重量の５％までの範囲で果実や香辛料、ハーブ、野菜、茶、昆布などが使えるようになった。

　これらの改正は遅すぎたくらいだ。世界ではいろいろな果汁やスパイスがすでに使われており、これまで認められていないこと自体がおかしかった。例えば米国では精神活性作用のない大麻成分CBD（カンナビジオール）を使うことがひとつのトレンドになっている。

日本はクラフトビールの歴史自体が短く、市場が小さいこともあるが、法規制でがんじがらめに縛られており、新しい挑戦が難しい。業界団体としても、いろいろな形で要望書を出しているが、なかなか認められない。

例えば、ホップの使い方ひとつでも禁止事項が多い。ホップの投入のタイミングは長らく煮沸中や発酵中に限られていたが、発酵終了後に足すことがようやく認可された。

とはいえ、まだまだ途上段階だが、日本のクラフトビール市場は良い時代を迎えつつあると思う。

ここで日本のクラフトビール史をおさらいしておこう。

１９９４年の酒税法改正で最低製造量が大幅に引き下げられたことで、多くのメーカーが参入し、「第一次クラフトビール」ブームが起きたが、盛り上がりが長く続かなかったことはすでに書いた通りだ。品質に問題のあるビールが流通し、消費者が離れた。

一時期、醸造所数は２００カ所以下へ減ったが、現在は約３００カ所（醸造所を併設したビアバーを含む）まで盛り返している。国内ビール市場全体に占める割合は数量ベースで１％と、外国産ビールと肩をほぼ並べている。21年には３％に達するとの見方もある。イベントなどの自社販売を軸に、都市部でビアバーの開拓を進めるほか、一部のメーカーはスーパーやコンビニなどでも拡販し、出荷量を増やしている。
東京商工リサーチが18年10月に発表した「第9回地ビールメーカー動向調査」によると、18年1～8月の出荷量ランキングはこうだ。

1位：全国第一号の地ビール醸造所、エチゴビール（新潟県新潟市）が1958キロリットルで7年連続で首位。
2位：常陸野ネストビールの木内酒造（茨城県那珂市）が1425キロリットルで続く。
3位：「ベアードビール」のベアードブルーイング（静岡県伊豆市）が380キロリットル。
4位：「ベアレン・クラシック」のベアレン醸造所（岩手県盛岡市）が331キロリットル。
5位：「伊勢角屋麦酒」の二軒茶屋餅角屋本店が322キロリットル。

なお、このランキングには、大手のヤッホーブルーイングや銀河高原ビール（前年3位）が、出荷量を非公開としているため含まれていない。

ランキングに含まれていない存在として忘れていけないのが大手ビールメーカーだ。国内のビール系飲料の大手5社の18年の課税済み出荷量は14年連続で過去最低を記録。ビール離れが進む中での切り札としてクラフトビールは成長株として位置づけられる。

キリンビールは15年にスプリング・バレー・ブルワリー社（ＳＶＢ）を設立した。

アサヒビールは94年からクラフト事業を「ＴＯＫＹＯ隅田川ブルーイング」ブランドとして直営店などで展開していたが、17年に業務用市場に向けた商品開発に乗り出した。

サッポロホールディングスは17年に米国のアンカー・ブルーイングを買収した。

大手のこうしたクラフトビールへの動きに対し、私自身も当初は複雑な思いがあったが、キリンビールの担当者と話してみると、彼らのクラフトビールに対する思いは私たちと変わることがなく、長く付き合いたいと感じる人たちであった。そして、クラフトビールは長く大手ビールへのアンチテーゼとして存在してきたが、今では大手の力で、日本でクラフトビールの市場が広がっていけばむしろありがたいと感じている。

米国の例でも見たが、大手がクラフトに注目するのは、日本だけの現象ではない。ビール市場全体が世界で地盤沈下している。キリンビールの調べでは17年の世界のビール生産量は前年比０・１％減の１億９０９０万キロリットル。前年割れは４年連続で、巨大市場の米国、中国いずれも前年実績を割り込んだ。

海外大手メーカーにとっても、単価が高く、収益性を見込めるクラフトビールは大切な成長市場になりつつある。米国では、すでに金額ベースでビール市場全体の２割を占めるまでに普及している。もはや頭打ちかと思われたメーカー数も大手通信社ブルームバーグによると、18年10月時点で米国では7000社を超えた。これは17年に比べて20％増で、勢いは増している。

また、日本経済新聞の報道によるとビール世界最大手でバドワイザーやミラーなどを手がけるアンハイザー・ブッシュ・インベブは日本の複数クラフトビールメーカーに接近しているという。事実かどうかはわからないが、100億円規模の買収や、合弁会社の立ち上げの提案が寄せられているとも聞く。国境を越えて、クラフトビール市場に熱い視線が注がれていることがわかるだろう。

ワインを追撃するクラフトビール人気

欧州にも、このクラフトビールの「再発見」の波は広がっている。顕著なのは英国で、ここ5年で数百という醸造所が開業した。ワインが有名なイタリアにも1200超（17年末）の醸造所ができている。フランスや北欧などビール文化が不毛のエリアでもフェスティバルが開催されるほど盛り上がりを見せている。世界の品評会でも欧州のクラフトビールが上位にくることが目立ち始めた。

欧州はワイン文化が根強いが、クラフトビールとの相性は悪くないはずだ。イタリアやフランスは料理や味付けの奥行きがさすがに広く、クラフトビールを引き立て役としても位置づけられる食文化の土台がある。

原料が一つだけのワインに比べてビールは味覚の幅が広く、キウイ、バナナ、コーヒーの風合いのビールなど無限の可能性がある。クラフトビールファンの方であればうなずいてくれると思うが、ビールの味わいは驚くほど多様だ。それこそ、酸っぱいグーズから、甘いファロ、舌がしびれるほどの苦味があるウエストコーストＩＰＡ、ヴァイツェンのようにほとんど苦味を感じないものまで。色も透き通った薄いレモン色のピルスナーから、真っ白なベルジャンホワイトやヴァイツェン、黒いインペリアルスタウトやシュバルツ、茶色いブラウンエールやイングリッシュビター、中には赤いクリークまで。

アルコール度数も1％少しの台湾の珍しいフルーツビールから、10％を超えるバーレーワイン、中にはどうやってつくっているのか定かでないが、蒸留酒のように40％を超えるものまである。香りの幅も実に広く、表現は無数にある。

品評会をみていても、欧州のクラフトビールは食事にも合うようなバランスに優れている印象が強い。米国のように味や香りの主張がはっきりした、尖っているビールは少ない。この違いは審査員を務めた際のジャッジでも明確で、米国人は主張が強く議論好き、ドイツ人やベルギー人、チェコ人は他の審査員の話を踏まえた上で、バランスのとれた評価を下す。

ちなみに、ニュージーランド人やオーストラリア人は自国のホップを使ったビールが大好きで、判断がわかりやすい。この中で、日本はどんなビールを世界に提案していけるだろうか。

ブルワーはジャニーズよりも人気?

海外でクラフトビールを好む層は、通常のビールを飲む層に比べて「高学歴、年齢層が低い、女性比率が高い」傾向にあるという。社会に閉塞感が漂う中、高学歴な若者の間の既存の体制に反発する空気が、クラフトビールの醸し出す空気と合致するところもあるのだろう。

細かいリサーチは手元にないが、日本でもほぼ同じ傾向とみられている。彼らはリアルなつながりを求め、ありがたいことに、気に入ったものにお金を払うことをいとわない。そのためか、ブルワリーが、そのビールを提供するビアパブやレストランをオープンさせることも増えてきた。

たとえば、角屋も、18年8月には東京の八重洲に飲食店舗を開店した。十数種類のビールのほか伊勢エビや松阪牛などの地元食材も提供する。といっても、飲食店運営は懲りたので、東京で県のアンテナショップ「三重テラス」を手がけている株式会社アクアプランネット（三重県松阪市）の運営だ。開店の時には社員みんなでワークシャツを作って手伝ったが、お客さんに「それ欲しいです。いくらですか」と言われて困惑した。そもそも需要があると思っていないから売る発想自体なかったのだ。「1万円くらいですかね」と言ったら、「安い。売ってください！」と頼まれた。安くないよと思ったけれど、本当に彼らは好きなモノには惜しみなくお金を使うのだと実感した。全国各地でビール祭りに出店するが、どこでも同じことが起こる。

そういう点では、大好きなクラフトビールをつくるブルワーは彼らからすればジャニーズ事務所所属のアイドルやAKB48のような位置づけなのかもしれない（願望も含めて）。「大げさな！　言いすぎでしょ」と思われるかもしれないが、これが嘘のような本当の話で、イベントで大型モニターにヘッドブルワーの顔が映ったりすると、キャーキャー黄色い声が飛ぶのだ。角屋の工場長にしてヘッドブルワーを長年つとめてブルーマスターになった出口善一はイベントに出ると、常にファンに囲まれる状態だ。

手前味噌かもしれないが、出口がつくったビールを出口にその場で注いでもらうことは、伊勢角屋麦酒ファンにしてみれば至上の喜びを感じる瞬間らしい。出口が忙しくて、総務を統括する執行役員の松岡嘉広がビールを注いだりすると明らかに落胆した表情を浮かべる方もいる。松岡の申し訳なさそうな顔を何度も私は見ているからこれはまちがいない。ちなみに出口と私は幼稚園と中学校が同じ同級生なのだが、ファンからの人気という点では、最近は確実に負けている。社長業の私に対して、出口はビールをつくりそれを伝える仕事をしているからだろう。同級生とは言っても、偶然に再会して出口が角屋で働くことになったという縁で、おもしろいものだ。

19年4月に下野工場のお披露目をかねて開催した伊勢角屋麦酒22周年祭にも、全国津々浦々から沢山のファンの方が集まってくださり、朝から夜更けまで熱烈な伊勢角屋麦酒愛を聞かせていただき、胸が熱くなった。

こうした熱い支持があってこそだ、社員には「ファンを裏切っちゃいけない」と口を酸っぱくしていっている。収率（同じ麦芽の量からどれだけのビールが出来るか）は大切だが、圧倒的に優先されるべきは品質だ。それをファンの方は追いかけてきてくれている。決して安くないビールを買ってもらっている以上、少しでも良いものをつくるのがブルワリーの使命なのだ。

8000リットルのビールを捨てました

97年4月以来ビールをつくり続け、生産量の増加と共に3回にわたって増築や設備の増設を繰り返してきた旧工場（神久工場）も、17年には生産力の限界を迎えていた。これ以上の増築を行う余地もなかったため、18年7月に伊勢市下野町に新しい工場を構えた。

従来の神久工場は、マニュアル式で1回の仕込み量が1000リットル、2釜式の仕込み装置であったのに対し、この新工場は、醸造設備は、ドイツRolec社の最新鋭のフルオートメーションシステムで1回の仕込み量が4000リットル、4釜式の仕込み装置を据えた。

2釜式と4釜式の違いはといえば、4釜式は、糖化槽、濾過槽（ロイタータン）、煮沸釜、沈殿槽（ワールプール）がそれぞれ独立しているので、結果的に一日最大4回仕込める。

2釜式は、糖化槽と濾過槽が一緒になった釜がひとつと、煮沸釜、沈殿槽が一緒になった釜の合計2釜で構成される。設備がコンパクトなので初期投資も小さくて済む。とはいえ、一日2仕込みが限界だ。

ドイツ人技師たちのこだわりが詰まった芸術品のような配管で、同じモノづくりをする人間として、尊敬の念に堪えない。何カ月もの間、日本に滞在して設置作業に取り組んでくれ、その間のやりとりも貴重なものだった。

この設備に併せて、品質管理を行う部署にも大きなスペースを割いた。今後、最新の分析機器を逐次導入していく予定、ではある。汚染を高感度で把握するためのＡＴＰ計測器は既に持っている。万が一のコンタミ（汚染）に備え、すぐにＤＮＡ検査するためのＰＣＲ（ポリメラーゼ連鎖反応）や、アルコール度数やｐＨ、溶存炭酸ガスボリュームなどを自動計測するアルコライザーも導入したいし、電子顕微鏡を買う日も近いかもしれない。

とはいえ言うは易しだ。大きな新工場は当然勝手も異なり、悪戦苦闘の日々が始まった。下野工場では神久工場と同じ材料を使い、同じタイミングでホップを投入するなど「レシピ」を変えていないのに味が一定しない。同じように仕込んでも、違うビールになってしまうのだ。出口や品質管理責任者の佐々木たちと、連日頭を抱えるしかなかった。これまでやってきたようにＰＤＣＡを回していけばいつかは思い描いたビールができる。それはわかっていた。

同時に、社長である私には、許される時間があまりに短いことも気づいていた。なぜなら運が良いのか悪いのか、角屋の「ペールエール」はその年の夏、図らずも日経新聞「日経ＰＬＵＳ１」の「日本のクラフトビール」特集で、チェコ人（ビールの一人あたりの消費量世界トップの国の人）が飲んでみておいしかった「エール」部門で1位に選ばれてしまったのだ。本場チェコ人にも認めていただいてありがたい反面、伊勢角屋麦酒の永年のファンの方々のあたたかい眼差しだけではなく、多くのクラフトビールファンの期待と興味が入り混じる視線が報道により、集まり始めた。その状況で、クセを把握できていない新しいプラントでビールを出荷しなければならないのは、茨の道に素足で踏み出していくような危険な行為だったといえよう。

もちろん、角屋のビールである以上、品質は担保して出荷していたが、熱烈な伊勢角屋麦酒ファンには、細かな味の違いを指摘されることもあった。熟練の造り手しか感じられないような差異で、先方もこちらの状況を理解してくれてはいるが、あくまでもこちらの勝手な都合にすぎない。

そしてＰＤＣＡを繰り返す中でどうしても失敗が出てきた。だから、私は、完成したビールを、２度にわたって合計８０００リットルほど、捨てさせた。金額にしたら、いや、やめておこう。もちろん、痛い金額だがお金以上に大切なのは、妥協してはいけないという気持ちだ。古参の社員たちは「社長、こんな味では世界一と名乗ってはいけませんよ」と私の思いを理解してくれていたが、果たして、最近入った社員たちにどこまで通じたか。ブルワーたちが心血注いだビールが流れていくのを無言で見つめながら、叩き切られるような痛みを感じた。責任者の出口は私以上に心を痛めていただろう。

それでも重要なのは顧客の信頼だ。一度でも落胆させてしまえば、これまで20年かけて培ってきた信用やブランドを一瞬で失いかねない。上昇気流に乗っている時だからこそ肝に銘じなければならないのだ。

引き算と足し算の繰り返し

ビールの品質改良は、非常に複雑である。しかし、突き詰めていくとそれは引き算と足し算になる。積分といえども掛け算の無限の足し算であり、掛け算は有限の足し算の集まりである。つまり、ひとつひとつの工程をさらに分けて、ひとつの動きの単位で確認していくのだ。複雑なビールの品質改良も、そのビールのアロマやフレーバーから何を引き、何を足すのか、無限ともいえるその足し算引き算の総和に帰結する。

下野工場でできたビールから何を引き、何を足せば良いのか。初めはそれがまったく見えなかった。この時は、ご縁のある企業の力をお借りし、神久と下野のビールの成分を分析して比較した。さらに私やブルワーの官能評価（実際に味わって評価すること）で成分分析に現れないものも捉え、引く作業と足す作業をできる限り高速で回した。丁寧にＰＤＣＡを回すように何度も繰り返し現場に伝えた。一回の仕込みたりとも無駄にしないでくれと、何十回現場に伝えたかわからない。時には声を荒らげることもあった。

詳しいことは語れないが、概ね、引く作業は足す作業に比べて難しい。足し算は経験がダイレクトに活きる一方、引き算は、経験やノウハウが簡単に活かせないからだ。

ビールのアロマやフレーバーや外観などの中に取り除きたいものがあったとする。その場合、特定のそれぞれはどこからきているのか、起因するものは何かをこれまでの経験と知見を総動員して考えなければならない。しかし、である。取り除きたい特徴は、これまで私たちが神久では感じたことがない特徴が大半なのである。それまで神久工場でつくったビールにあったものならば取り除く必要がないからだ。したがって、その特徴はこれまで私たちがあまり触れたことがないものが多く、それは知見や経験がない対象ということになる。原因を必死に想像して仮説を立て、おぼつかないＰＤＣＡを回す作業は、気が遠くなるような作業であった。それでもブルワーたちはやり遂げてくれた。年が変わる頃には、引き算を終え、とうとうあとひとつになっていた。最後のひとつを取り除いたのは出口である。結果には必ず原因がある。彼が、最後に残されたひとつの引き算を完成させてくれた。

いちばん信頼し、いちばん怖い

18年夏に東京駅から徒歩5分の八重洲に伊勢角屋麦酒八重洲店がオープンした。すでに触れたが、運営するアクアプランネットは、三重県のアンテナショップ「三重テラス」を委託運営しており、そのレストラン、売店両方で伊勢角屋麦酒を販売し、私たちの商品を評価してきてくれた。その上で16年に、東京で伊勢角屋麦酒の店舗を運営したいというオファーが来て、迷うことなくその場で受け入れた。

伊勢角屋麦酒八重洲店のオープンに際し、ひとりの若い女性がアクアプランネットに転職してきた。その女性は、金城まい。それまで他のクラフトビールを扱う飲食店で働いていたが、伊勢角屋麦酒が好きで八重洲店のオープニングスタッフの採用に応募してくれたのだ。八重洲店のオープンに際しては、私もスタッフと一緒にカウンターに立ちビールを注ぎ、お客様をもてなした。合間合間で、スタッフともいろいろな話をしたが、彼女のビールに対する想いの深さと真剣さが並大抵のものではないことはすぐにわかった。テイスティングの正確さは、少し話せばすぐにわかる。

彼女のテイスティングの正確さは、おそらく世界レベルの審査員に引けを取らず、多くの伊勢角屋麦酒ファンを代表して余りあるものがある。はにかみながら彼女が見せてくれたB6サイズのノートには、八重洲店にある13のビールタップにつながっている全種類のビールの名前、コンセプト、スタイル、ＩＢＵと呼ばれる苦みの値、それに使用しているホップの種類までを調べて記載していた。そして、彼女は何とそのすべてのビールを自費で購入し、それぞれきっちりとテイスティングしたという。

彼女が「カンニングペーパー」と呼ぶ、表紙に伊勢角屋麦酒のロゴが貼り付けられた、そのB6ノートを見たとき、彼女を失望させるようなことがあってはならない、そう思った。

ちょうどそれは、私たちの新しい下野工場で仕込んだビールが出荷され始める直前のことであり、以来、新しいビールができるたびに彼女の透き通った目を思い浮かべ、彼女がそのビールをどう味わうか、彼女に合格点をもらえるだろうかと考えるようになった。ある意味で、私にとっていちばん信頼し、いちばん怖い女性のひとりである。19年4月からは、店長としてさらに活躍中だ。適切に評価してくれる人がいてこそ、おいしいビールはできあがる。

9章　オレ流発酵組織論

餅がダメなら味噌がある

物心ついたときから実家を継ぐものだと思っていた私だが、実のところ、祖父や両親に家を継げといわれたことは一度もない。実は、角屋の歴代の当主の中には餅屋を家業として継ぎながらも、好きなことをしている者が少なくない。江戸時代までさかのぼれば、造り酒屋や旅籠を営んでいた者もいたし、私の曾祖父も生粋の事業家気質の人だった。

曾祖父が味噌と醤油造りを始めたことはすでに書いた。この決断は角屋の歴史に発酵という楔を打ち込んだだけでなく、一家存亡の危機を後に救う。1941（昭和16）年に太平洋戦争が始まり、戦時統制下になると、餅の原材料である砂糖や餅米が自由に手に入らなくなり、餅屋は終戦の1年くらい前からどこも開店休業状態になる。角屋も御多分に洩れず、政府の配給に応じて餡がない焼き菓子などを作って販売していた。

餅に限らず和菓子全体が同じだったと思うが、角屋は餅の販売を１９５４年まで待たなければならず、その間、味噌・醬油事業が経営を支えた。

家訓はないと書いたが、何代かにひとりは本業の傍らで自由なことをやる「変人」が生まれるのが鈴木家の家風なのかもしれない。先祖代々、「変人」の出現を知っているから、家業を継げともいわないし、あれをやるな、これをしてはいけないともいわない。なんとなく、先代の背中をみて悟るということなのだろうか。

背中から感じるということで言えば、大人はひたすら働くものだと思っていた。父親にも祖父にも教訓めいたことを言われた経験はないが、２人共とにかく働いていた。盆暮れの計６日間以外、働きづめでテレビもほとんど見ない。なぜかボクシング中継だけは好きで、２人揃って欠かさず見ていたのが今では懐かしい光景として記憶に残っている。

祖父が厳格な人だったこともあり、父は窮屈な思いをしたのだろう。祖父への思いはあまり耳にしたことはないが、戦争体験が父の人生観を大きく変えたとはよく聞かされた。「日本が戦争に勝って日本語が世界の公用語になる」と学校で教えられて本気で信じていた。それが終戦で、それまでと正反対のことを先生が教え出したわけだから、価値観が１８０度変わっても仕方がない。父の、大きな存在に依らない、信じられるのは自分だけという姿勢は多感な少年時代に戦中を過ごした産物だろう。父は健康法も我流で、どんなに寒かろうが一年中、裸足で過ごしている。ひとつひとつにこだわりがあるし、既成概念にとらわれない。そういう父だからこそ、私がビール事業を始めたいと言い出してもまったく反対しなかった。

とはいえ、父も今でこそ好々爺だが、若い頃はせっかちで怖かった。特にせっかちのところは私も似ている。子どもの頃から落ち着きのない子と言われ続け、今も妻に指摘されるし、社員もおそらく口には出さないが「せっかちな社長だ」と感じているはずだ。血は争えないのだ。

上場は目標になりうるのか

私が東北大学を卒業し、伊勢に帰ってきた時には、角屋は典型的な個人商店だったが、今や世界と取引するステージにまで成長した。ビール事業を立ち上げて8年ほどは家業（餅、醤油、味噌）とビール事業とは売り上げが1億円程度で並んでいたが、今では、6000万円ほどだった餅屋の9倍程度の規模に拡大し、5億円を超える。ここ数年は需要に生産が追いつかない状態が続き、伊勢角屋麦酒ファンの皆様にはご迷惑をおかけしているほどだ。

そのため、最近になってぼんやりと考えているのは、そろそろ餅、味噌、醤油事業とビール事業を会社として分けた方が良いのではないかということだ。餅や味噌、醬油は、それこそ、父ちゃん母ちゃん経営になっても細々と何代も続けていくべき事業だ。支えてくれているお客さんの多くは「ここでしか買えない」「昔ながらの手づくりの餅、天然発酵の味噌」を好んで買ってくれている。これらの事業はこれからも大切にするが、機械化して事業を一気に大きくするような発想とはなじまない業態だ。特に餅は生もので保存が限られ、店頭に何日も置けないし、伝統の味を犠牲にしてまで大量生産する気もない。

対照的にビール事業は、世界市場を目指している商品だ。最新鋭の設備を導入した新工場も稼働し、今後も規模を拡大する予定がある。クラフトビールの世界のトレンドは移り変わりが早く、絶え間ない情報収集や意思決定の早さが求められる一方で、商品価値が認められれば、海外にも出荷できる。実際、角屋も国内だけでなく、シンガポール、ブラジル、インド、台湾、香港、米国、ベルギーと海外展開の誘いはひっきりなしだが、人的資源の問題があり、手が回らない状態だ。

総じて、餅や味噌などの事業とビール事業では、まったくビジネスとして異なるのだ。昔ながらの製法をよしとする事業と、常に新しい何かを取り入れなければ生き残れない事業で、顧客も異なれば、必要な投資も違う。後者の全体に占める割合が高くなっていくと、ひとつの会社の中で併存しながら回していくのを難しく感じる。４００年以上続く家業と、何代かにひとりあらわれる変人が立ち上げた事業を、同一線上で考えることがそもそもおかしい。

餅とビールを会社として分けるもうひとつの理由はビール事業の株式公開だ。正直、オーナー社長の方が制約は少ないし、裁量も大きい。株主に気を遣う必要もない。ただ、会社をどこに向けようかと考えたときに、わかりやすい目標となりうると最近、考え始めている。伊勢には上場企業が1社（工作機械の販売を手がけるキクカワエンタープライズ）しかない。それならば、人がやっていないことをやるのが好きだから、目指したい。夢物語に聞こえるかもしれないが、選択肢としては「あり」だ。社員にも宣言してみたが、一同口をポカーンと開けていた。どう思うって聞いても、「わかりません」と。

そうはいっても、株式公開という大きな目標があれば、今は意味がわからなくても、社員もモチベーションが上がるだろう。いつまでに上場するという具体的な目標は詰めていないが、社員のやる気を喚起するのも上場を目標に掲げるひとつの理由だ。餅屋は先祖代々、鈴木家が受け継いできた事業だが、ビール事業は私がやりたくてやり始めたもの。当初はどうなろうが私の勝手な事業規模だったけれども、企業体として成長するうちに、社員がのびのび働ける「場づくり」をしたい気持ちも強くなっている。昔は「世界一のビールをつくるぜ」一辺倒だったけれど、社員も増え、醸造家というよりも社長業の比率が高まってくると、いかにみんなに働きがいをもってもらえるかに意識を割く時間も増えてきた。

「のれん分け」と「田分け」の違い

いざ上場したら飽きてしまうかもしれないけれど、その時はその時だ。もともと、興味の赴くがままに突き進む私は、上場企業の社長には明らかに向いていない。短期的な利潤も追求しなければならないし、ROE（自己資本利益率）とか言われたら、「オレは酵母と遊んでいたいんだ」と株主とケンカしてしまうかもしれない。ノリで再現性のないビールをつくって、「売れるビールなのだからレシピを書け」なんぞといわれたらたまらない。もし、無事に上場までこぎ着けたら後継者に早くバトンタッチをしたいと思う。適材適所というか、餅屋だけに餅は餅屋というか。

重要なのは、現時点で、ビール事業を複雑な管理体制にしたり、指示系統を複層化したりしないようにすることだ。もちろん、上場を目指すならどこかの段階で管理体制を強化する必要はあるが、まだそのタイミングではない。

日本ではよく「田分け」と言う。田んぼを兄弟に下手に分けると大きな流れが中断してしまい、ろくなことがないということだろう。今の角屋も同じで、田んぼを分割したり、畑を半分に分けたりすると明らかにパワーがなくなる。つまり、餅や味噌事業とビール事業は

「のれん」が違うので業態で分けてもよいが、ビール事業という大きなシステムを、人が増えてきたからと複雑な仕組みに変えてはいけないと思う。

それは経営陣の体制にもまた、あてはまる。同族経営にありがちだが、親族で役員を占めたり、会社を分割したりしてもダメだろう。私には弟がいるが角屋の経営には参画させていないし、弟にもそのつもりはない。子どもは3人いるが、将来、複数人を会社に入れようとは思わない。同族経営をみていると、うまくいっているケースもあるが半数以上はもめている。社長は会社で唯一の存在だから、兄弟で会社に居れば確実に向き合わなければならなくなるからだ。他人ならば引ける一線も曖昧になり、対立が鮮明化することもあれば、逆になれ合っておかしな意思決定につながることもある。特に私の子どもたちは、見ていると仲がよいから、親としては会社の経営に関与することで関係性を壊して欲しくない。

すべてを決めるのはオレだ

日本の企業社会で協調性が重視されてきたのは、いうまでもないだろう。出る杭は打たれ、梯子を外されることもある。突き抜けた存在は活躍を海外に求めざるをえない時代が長かった。

21世紀になっても、組織社会で出る杭は生きづらい。だが、企業経営者として会社の成長を念頭におくと、出る杭どころか出過ぎた杭にならなければ生き抜くことは難しい。社員に私が常にいっている言葉がある。「意見は聞くし相談もするが、決めるのはオレだ」。

もちろん、出過ぎた杭はひとりでは生き抜けなかった。ビール事業の黎明期(れいめい)から支えてくれている岡田博明(常務取締役)や松岡嘉広(執行役員)には辛い思いをさせたし、先行きが見えない中でもよくついてきてくれたと感謝している。飲食店勤務経験のあった岡田は、私と妻がレストランを開店したもののクラフトビールブームが瞬く間に去り、広いホールで棒立ちしているところを、シフトの組み方に始まり、飲食店のノウハウを一から教えてくれた功労者でもある。私が外車を買った時は「ついに社長らしい車に乗ってもらえた」と涙を流して喜んでくれていたと人づてに聞いた。とはいえ、はたして、岡田は、あの車が中古車と知っているのだろうか。

松岡は私や岡田とは対照的な性格で、石橋を叩いて叩いて、もう一回くらい叩いても結局渡らない。「いつになったら渡るんだ」と背中を蹴飛ばしてみてようやく渡る、そんな性格だ。「なんでそんなに石橋を叩くのだ?」と不思議に思う時もあるが、彼がブレーキを踏んでいることで、「なにか躊躇(ちゅうちょ)するところがあるのか」と気づいて、私が目を覚まして客観的に経営を見直すこともある。バランスはそうやって取れているのかもしれない。

彼らも彼らでメキメキとビジネスマンとしての頭角を社内外であらわしているが、長きにわたり慕ってくれる彼らにさえ言う。

「決めるのはオレだ」

ワンマンに聞こえるかもしれないが、しんがりを務めるのはオーナー経営者の仕事なのだ。すべてを負わなければならない立場からは、見える景色が違う。それこそ四六時中、資金繰りばかり考えていたこともあったし、街を歩いていても、本を読んでいても、それこそ楽しく飲んでいても、自然と商売のタネを探している自分が今でもいる。

もちろん、業務の拡大に伴い、仕事の分担をしていく必要はある。そうしないと組織は大きくなれない。しかし、決定の権限は当面は私ひとりが持っていたい。権限が分散すると意思決定のスピードが落ちる。私たちのような零細企業が、大きな資本を持ち、豊富な人材と設備、それに知見をもった会社に立ち向かっていくには、尖ったブランドかスピードしかない。どちらも大会社になるほど難しく、小さい組織ほど簡単にできる。せっかく小さいのだから、そこを磨くしかない。だからこそ、意思決定は私ひとりなのだ。

小さく素早く始めて、ダメならば修正する

もっともこのやり方は大きなリスクも伴う。社長というのは気を抜くと組織内で最も現場から遠い人になってしまう。特にオーナー企業は「裸の王様」になりがちだ。そこで、新しい工場では、執務場所とブルワリーの距離にこだわった。毎日、工場に用がなくても頻繁に出入りしてスタッフと話し、ビールを味見し、酵母たちの元気な姿を見てニヤつく姿を見せる。

幸いにして、意思決定は早い方だ。これは若き私にロールスロイスを送ってくれた恩人の実業家・河中宏さんの助言が大きい。河中さんは「自分が考えているのか、迷っているのかをしっかり分けなければならないよ」とおっしゃった。つまり、考える時は徹底的に調べるなど時間をかけても良い。ただ、考えつくしたら、その瞬間に決めなければならないと。

生まれながらせっかちのところもあるので、とりあえず、素早く始めて、ダメならば走りながら修正する。もう少し考えた方が良いのかもしれないが、これで進めていこうと思っている。

走りながら修正している例は他にも結構ある。レストラン事業は懲りたと散々述べてきたが、２００５年に伊勢神宮・内宮の参拝者でにぎわう伊勢市のおはらい町に料理店をオープ

ンさせた。懲りていないではないかと叱られそうだが、立地が良いから大丈夫ではないかと思ったのだ。

実際、開店4年間は毎年500万円ほどの赤字が続き「悪夢再びか」と苦しんだが、「牡蠣とビールの店」とわかりやすくコンセプトを打ち出し、メニューを刷新したところ、軌道に乗った。観光客が途切れない夕方までの営業にしていることも、傷を広げずにすんだ。今では店頭の牡蠣串とビールのテイクアウトを中心に行列もできるほど賑わっている。

あるとき、ふと「牡蠣串が人気なら牡蠣カレー串もいけるんじゃないか」と当時内宮前店の店長だった岡田に指示した。岡田もトップダウンの方針は知っているので、「絶対、売れるわけない」と思いながらも、渋々売り出したらしいが、これが不評どころか販売するやいなや「カレー味になぜわざわざするのか」「普通に牡蠣串を食べたい」とクレームの嵐。岡田から発売数十分で「全然ダメです」と電話が来たのですぐにやめさせた。今でも個人的には牡蠣カレー串はいいと思っているのだが……これも小さく素早く始めて、ダメならば修正するひとつの事例だろう。

もう少し規模が大きな話では、事業買収がある。10年に瓶詰め商品の企画販売を手がけるセルフィユの千葉県と埼玉県の店舗を一店ずつ買収した。ビールの販売が右肩上がりになり、首都圏での足場を固めたいと考えていた頃に、話が持ち込まれたので、渡りに船とやってみたが、これがまったくもって販売が伸びない。

約3年で「これはダメだ」と損切りした。おそらく5000万円程度の損失を出したはずだ。ビール事業を立ち上げた際に開店したレストランは赤字を垂れ流しながら15年続けたが、単体で利益が出なくても、工場や売店、家業の餅屋に併設していたから、他で穴埋めすることができた。単体で一時は1000万円規模の赤字だったが、大幅に縮小し、最終的には広告宣伝費と考えれば「まあ、許容できるかな」という程度まで回復していた。

一方で千葉と埼玉の店舗はポツンと首都圏にあり、そこで収益が上がらなければ維持は難しい。損失額は痛手だったが、見切り発車もすれば、やめるのも早いのが私の性格だから、後悔はない。正確にいうと、この本を書くまで、この失敗を忘れていたくらいだ。失敗はするけれど、すぐに忘れてしまうのも長所ということにしておこう。

クラフトビール業界は下りのエスカレーターをのぼるようなものだと社員には伝えている。流行り廃りも激しいし、大手も続々と参入している。同じ所にとどまるのにも、のぼり続けなければならない。手を抜いたら一気に下がってしまうし、どちらの足でどのような速度でのぼるかを瞬間的に決めなければならない。もちろん、同じ所にとどまっているつもりもない。今も、下りのエスカレーターをこれまでにない速度でかけあがっているつもりだ。

動物園で珍獣と暮らす

ある社員が角屋を「まるで動物園みたい」と評したことがある。どういう意味かときくと、皆が個性的で持ち場で自由にやっているという。ちなみに、私は園長かなとつぶやいたら、「社長が一番、珍種の動物です」と返された。

角屋は良くも悪くも会社の規模が小さい。組織が複層的になっておらず、それぞれの持ち場と私の距離が近いからこそ、ひとりひとりが責任感を持ちながらも自由に新たな価値を模索できる。それが「動物園」と呼ばれる所以だろう。最終学歴が高卒の店長もいれば、京都大学大学院で博士号を取ったアルバイトもいる。地元の有線テレビのキャスターの傍らで務めてくれている人もいるし、私の秘書は、スペイン語を話し、１０００ccのオートバイを乗りまわす。資本も頭数も揃っている大手と戦うには、科学的視点だけでなく、キャラの立った野性的本能を持ったスタッフの活躍が欠かせない。大学時代にアルバイトでホストをしていた部下もいる。彼などは私にはない本能を研ぎ澄ませてきたはずだ。会社が動物園みたいなのはいいのか悪いのか知らないが、私はこの風土をこれからも大切にしたい。

「動物園」も外から見ていると楽しく映るのか、ありがたいことにブルワーを募集すると応募が殺到する。品評会での多くの受賞やメディアへの露出で、伊勢角屋麦酒のブランドがビール業界では浸透してきた手応えを感じている。

それに対して、今はとにかく人が足りていない。18年はキリンビールとの業務提携や新工場の稼働など、創業年以来の激動の1年だった。海外からの業務提携の話もいくつか舞い込んでいるが、人的資源が追いつかず、待ってもらっている状態だ。おそらく、今の社員が5年後、10年後に「いやー、あのときは大変だったんだよ。君たちにはわからないと思うんだけど」と先輩風を吹かすことになるだろうほどに、忙しい。私の秘書も秘書業をしばらく休んで、工場で発送作業を手伝っていたほどだ。

国内のみならず海外からの応募もある。海外から伊勢角屋麦酒のファンで発酵に関する知識もあるから入社したいと連絡が来たので、履歴書を送ってもらったら、アメリカの名門校（イリノイ大学）の理系の学生だった。丁寧にメールを返信した。「今の当社には申し訳ないけれどもオーバースペックです」と。もったいないことをしただろうか。

角屋に限らず、人手不足の顕著な今、どこの会社もエース級の人材、イノベーション人材が喉から手が出るほど欲しい。他社からそういう人材をスカウトしようとする動きも盛んだ。若者の側も積極的にチャレンジしようと転職のチャンスをうかがうのだろうが、企業にとっては、採用した後の人材をいかにフォローできるかという問題もある。今の角屋では、語学の面も含めてイリノイ大学卒の彼がもし入社したとしても、彼のポテンシャルを残念ながら活かしきれないだろう。

来たれ、発酵好きよ

「うちの本業はもち屋ですが、夏場はどうしても売り上げが落ち込むので、以前から『夏場に何か別の商品がほしいな』と思っていた。（酒税法改正でビールの）規制緩和もあり、さらに（みそ、たまりの）醸造業をやっており、まあ一つやってみようかと調べ『うちでもできそうだ』と申請、（伊勢税務署から）七月に内免許をもらった」

96年9月15日の中日新聞朝刊の「日曜インタビュー」で私はこうビール事業に参入した背景を語っている。

餅事業を補完するというのは嘘ではない。地域の経済や観光の活性化につなげたいという気持ちもあった。だが、20代ということもあり「こうこたえなければならない」と肩肘張った型どおりの受け答えが目立つ。かっこいい理由付けはいくらでもできるが、ビール造りに惹かれたのは、微生物と戯れたかったからだと、やはり思う。

もし、本当に純粋なビジネスとして考えて参入していたら、初期の苦労はなかったかもしれない。もしかしたら、すでに事業をやめていたかもしれない。どんなに資金繰りが苦しくても、やめなかったのは、微生物が好きだったからだし、大学を卒業して一度、関係が切れた微生物から二度と離れたくないとの気持ちがあったからだろう。

そのおかげで、酵母をもっと知りたいという意欲が消えたことはない。常に好奇心を持って対象に迫る姿勢こそ、角屋のような小さな研究開発型の企業にとっては不可欠で、企業風土をより強固なものにしてくれていると、最近では思う。

私のこの酵母愛に共鳴してくれる社員も増えている。以前は「バクテリアと酵母の違いもわからないの？　酵母は真核細胞生物だから人間に近い。バクテリアより、偉いんだよ！」と訴えても反応が鈍かったが、最近は少しずつ酵母に対する愛が浸透してきたようだ。もしかしたら、面倒くさいから話を合わせてくれているだけかもしれないが。

今春、幸いにして、この採用難の中、新卒の学生を3人採用した。やる気に満ちあふれていて、角屋が出店するイベントに入社前から顔を出してくれるほどで、新卒の社員も「動物園」に彩りを加えてくれそうだ。３人のうちのひとりは東京農業大学でビール中のホップの香気成分（鼻で感じる香りの成分）のゲラニオールやリナロールの特性や、酵母の代謝による変換などを研究していたという。

入社2年目の若手のブルワーで品質管理責任者の佐々木基岐も、そんな「酵母友達」のひとりだ。私が無人島で採取した酵母も、出張など留守中は彼に管理を一任していた。

最近は試験設備に投じられる資金に余裕が少し出てきたので、顕微鏡を買い替え、一緒に覗いて「酵母って、かわいいよね」と彼らと話している。新しい顕微鏡が来た日はあまりにクリアに酵母が視認でき、はしゃぎすぎてしまい、周りの社員は少し引いていたかもしれないが、ビールメーカーの経営者が酵母を語らずに何を語るんだと声を大にしていいたい。

個人としても経営者としても、一緒に「遊べる」人を私は常に待っている。酵母を発酵させるだけでなく、若い威勢の良い人を「発酵」させるのも、これからの私の仕事だから。そう、「発酵」を主軸にモノをつくり、広める。それが私の仕事なのだ。

同室になった世界のクラフトビールのレジェンド

最後に、この人のことを伝えておこう。

「世界一のビール」を目指すために世界大会の審査員になった私は、地ビール協会の審査会で活動を始めて、2年後の99年には念願の国際的な審査会で審査員を務めた。グレート・アメリカン・ビア・フェスティバル（GABF）だ。ここで私は、「世界一」の競争とは別の次元の、「クラフトビールの魂」とも言える至高の存在に出会う。

GABFでは、ホテルの部屋を他の審査員と一緒にシェアすることに応じた審査員は、宿泊代が無料になるというルールが適用されていた。当時、散髪代にも苦労し、バリカンで妻に刈ってもらうほど困窮していた私は、迷うことなくこのルームシェアを選んだ。ここで、思いがけない幸運があったのだ。指定されたホテルの部屋に行くと、そこには驚くべき人物がいた。自家醸造の伝説的な提唱者であり、自家醸造のバイブルと呼ばれる著作『世界ビール大百科』を書いた、フレッド・エクハードだ。

ちなみに、『世界ビール大百科』（邦訳版が大修館書店より刊行されている）は世界各地でつくられている多様なクラフトビールの銘柄と興味深いエピソードに彩られたビール800年の歴史や原料、醸造法などビールについてのすべてに答えた初の事典とも言える存在だ。「飲んでみる価値のある外国ビールはどんな銘柄？」「アメリカの有名なバドワイザーはもともとチェコから来たって本当？」など、素朴な疑問にも答えてくれているのでビール好きはぜひ手にとって欲しい。

とにもかくにも、エクハードとルームメイトになったことに、私は興奮を抑えられなかった。想像が難しいかもしれないが、これはロック好きの人がエルビス・プレスリー、演歌好きの人が北島三郎と旅先でルームシェアするような衝撃なのである。驚きを隠せない私は尋ねた。

「あなたのような有名な方、ビール界のレジェンドがどうしてルームシェアをしているんですか」

「いや、ルームシェアしない方がおかしいじゃないか」

「え？」

「ビールはひとりで楽しむものじゃないからさ」


あまりにも格好良すぎる、エクハードの言葉に感動した私は、大会期間中の４泊５日、審査が終わると部屋でビールを飲みながらその日の審査について議論を交わした。

「ヒロ（私）、今日はどんなビールを審査したんだ？」

エクハードの豊富な知識は私の好奇心を刺激するには十分以上だった。

「ヒロ、日本のクラフトビールの世界はこれからだ。飲みやすい白ビールがまず受け入れられるのではないかな」


初めての国際大会の審査で、興奮していたし、世界のビールを品評することで、改めてビール造りの課題もはっきりした。エクハードに「世界大会で優勝するビールをつくりたい」と話したら、「ヒロならきっとできるはずだ」と激励してくれたその言葉は当時、長く暗いトンネルの中にいた私にとっては数少ない光となった。

残念ながら、エクハード氏はその後15年に亡くなった。ただ、彼の言葉は『世界ビール大百科』などで日本語でも読めるし、「ビールは楽しく飲むもの」というビールに対するまっすぐな向き合い方は、いつも私の中に錨としてある。

そんなビールを、つくっていきたい。

おわりに

伊勢から鳥羽にかけて、標高555メートルの朝熊山が土地を見守る。車を麓まで走らせ、スーツにネクタイ、革靴姿で山肌を頂上まで歩いたこともある。伊勢市を一望できるその場に立つと、自分の悩みなどちっぽけなことに思えてくる。

朝熊山には最近、足が遠のいている。事業が上昇気流に乗り、悩むことが減ったのかもしれないが、私は今、別の登るべき山がある。クラフトビール界の頂だ。

「散歩のついでに富士山には登れない。富士山に登る装備ではエベレストには登れない」。社員に私はことあるごとにいう。1997（平成9）年に創業して以来、ひたすらクラフトビールの「エベレスト」を目指してきた。当時は山をどう登れば良いかもわからず、がむしゃらに動き回った。失敗も重ねたが、世界のビールの品評会で常連になり、「ビール界のオスカー」でも金賞を受賞した。

「金賞なら、頂上じゃないか」と指摘されそうだが、冗談をいってはいけない。登り方がようやくつかめてきて、今はエベレストの登山口にたどりついたくらいではないか。ビール好きの人には認知してもらい始めたが、それは国内での話だ。海外でビール好きのお客さんに伊勢角屋麦酒といってどこまで浸透しているか。ニューヨークの5番街で「ＩＳＥ」の名が入った店舗を構えるという創業時に抱いた夢はまだかなえられていない。「伊勢から世界へ」を合い言葉から現実のものにしていきたい。

味という意味では日本らしさを前面に打ち出したビールをつくってみたい。和食に合うエールビールがテーマになりそうだ。油絵でなく水彩画のようなエールビール。失敗しても上から重ねられるビールではなく、線を一本引き間違えたら、失敗が取り返しがつかないようなビール。ホップも必要最小限で香りと苦みをつける。その繊細さと和食の繊細さが合致する一点を見いだせれば、これぞジャパニーズスタイルと胸を張れるビールを確立できるだろう。

10年後になにをやっているかなと考えることがある。今、挙げたようなことや会社の規模を今の数倍にすることはできると思う。同時に、もうビールに飽きちゃっているかもしれない。

こういう本の最後は「会社をでかくする」とか「グローバル企業になる」とか格好良く結ぶのかもしれないが、正直、10年後もビールをバリバリつくっているかといわれると自信がない。私は、酵母という微生物がもたらす世界があまりにも魅力的だから、ビール業界に居続けているのかもしれない。飽きっぽい私が20年もひとつのことを続けているのがむしろ奇跡的だ。

酵母に携わるという観点からすれば、ウイスキーをつくってもいいし、伊勢角屋麦酒とは別にビール事業をまた一から始めてもいい。「打倒・伊勢角屋麦酒」なんぞと息巻いてみようか。それこそ、酵母にこだわりまくって、気が向くままにノリでビールをつくる醸造メーカーがあってもいいのではないか。社員はやめてくれといっているので、さすがに無理かもしれないが、酵母の持つ薬効作用に注目して、何か面白いことができないかとも思う。

国内の辺境の地にある発酵食品を研究する旅もいい。妻が60歳になったら旅行に行きたいといっているし。日本は「発酵王国」と呼ばれているだけあり、あまり知られていない発酵食品が数多くある。

例えば、奄美大島の長寿を支える伝統飲料「ミキ」だ。素材は、米とサツマイモと砂糖と水で自然発酵してつくる。栄養があって消化もいいので、ご飯や離乳食の代わりにもなるとも言われ、ミキを牛乳や酒類で割って飲む人も多い。かつては各家庭でミキがつくられてきたが最近は少なくなったという。ミキが廃れたわけでなく、牛乳のように紙パック入りで「ミキ」と書かれた製品がスーパーや商店などで買えるからだ。この光景を見て発酵野郎としては「いっちょ、つくってみるか」となり、今は家族に内緒で、奄美大島に家を買おうかと画策している。それでは、旅行にならないか。

小さい頃に顕微鏡で微生物を覗いていたはな垂れ小僧も50歳を超えた。微生物に導かれた人生だったが、まだまだ彼らは私の人生を発酵しきってくれていないようだ。70歳、80歳くらいで、いい感じに発酵しきれたらと思う日々。それまでは、微生物と戯れていたい。

＊　＊　＊　＊　＊

わが社が20年にわたりビールをつくり続けてくることができたのは、偏に伊勢角屋麦酒を愛し、叱咤激励してくれたファンの皆様のおかげです。この場をお借りして、最大限の感謝の意を表します。

併せて、長きにわたり至らない私たちを励まし、時に競い合い、時に多くの教えをいただいた国内外のクラフトビールメーカーの皆様に深く感謝の意を表します。

酵母の単離、そして、その後のメタボロミクスに至るまで丁寧なご指導をいただいた、三重大学大学院、矢野竹男教授、苅田修一教授に深く感謝申し上げます。

取材並びに構成でお世話になりました栗下直也様に深く感謝いたします。氏のご尽力がなければこの本が日の目を見ることはありませんでした。また、今回はじめて上梓する私を企画から構成まで手取り足取り導いてくださった新潮社の足立真穂様に深く感謝申し上げます。その細やかなお気遣いに申し訳なく思いつつも、終始楽しんで原稿と向かい合うことができました。


古来、酒造りは多くの人が協力して行うものであり、弊社においてもそれは同じです。何人ものスタッフの手によって、私たちのビールはたくさんの方々の元に届けられています。20年以上にわたり伊勢角屋麦酒を支え続けてくれたスタッフの全員にこの場をお借りして厚く御礼を申し上げます。

また、文中でご紹介したこれまでお世話になった方々に深く感謝申し上げます。

最後にいつも心配しつつも見守ってきてくれた両親、子供たちの面倒をいつも見てくれた義理の母、森井美恵と今は亡き義理の父、森井佳積、そして、呆れつつも共に歩んできてくれた妻、千賀に心からの感謝の言葉を述べたいと思います。

ありがとう。

鈴木成宗

鈴木成宗　すずき・なりひろ

伊勢角屋麦酒社長。1967年、伊勢市生まれ。東北大学農学部卒業後、20代続く家業の餅屋の仕事に。この「二軒茶屋餅角屋本店」の創業は1575年の長篠の戦いの頃にさかのぼり、18代目から100年にわたって、味噌・醬油の醸造事業も続けている。1994年の酒税法改正で可能となった小規模醸造、ビール造りに「伊勢角屋麦酒」として97年に創業。レストラン経営にも乗り出すがうまく回らずどん底に。それでもビール世界一（大会優勝）を目指し、創業まもなく大会の審査員資格を取得。2003年、日本企業初の「Australian International Beer Awards」金賞を皮切りに数々の賞を受賞、世界で最も歴史あるビール審査会「The International Brewing Awards 2019」で「ペールエール」が2大会連続で金賞に輝いた。審査員として海外から招かれることも多い。2004年頃から学んだMGやランチェスター戦略等が経営に活き、近年は毎年増収増益だ。2009年より海外への輸出も始め、現在アメリカ、カナダ、シンガポール、オーストラリア、台湾に輸出実績がある。日本商工会議所青年部の中地区副会長を務めた経験もあり、地元との結びつきも強い。https://www.biyagura.jp/ec/

発酵野郎！(はっこうやろう)

世界一(せかいいち)のビールを野生酵母(やせいこうぼ)でつくる

発行　2019年7月25日
3刷　2025年1月20日

著者　鈴木成宗(すずきなりひろ)
発行者　佐藤隆信
発行所　株式会社新潮社
〒162-8711東京都新宿区矢来町71
電話　編集部03-3266-5611
読者係03-3266-5111
https://www.shinchosha.co.jp

印刷所　錦明印刷株式会社
製本所　株式会社大進堂

乱丁・落丁本は、御面倒ですが小社読者係宛にお送りください。
送料小社負担にてお取替えいたします。

ISBN978-4-10-352741-1 C0030
価格はカバーに表示してあります。

番外編　クラフトビールの愉しみ方

クラフトビールをもっと知りたいという人のために、基本情報をまとめておこう。

1 角屋のビール醸造の流れ

① 糖化

麦芽（モルト）を粉砕し、粉砕麦芽に。殻はなるべく大きなままで、中のデンプン質をしっかり砕くのが秘訣だ。②で濾過しやすくするためだ。それを「糖化槽」（saccharification tank）で62～66度で糖化、デンプンを糖分に分解する。

② 麦芽からの濾過

「濾過槽」（lauter tun）で、麦芽の殻と大きなタンパク質の分子などを濾過する。これにより、麦汁（wort）が抽出される。ステンレスの濾過板の上で、麦層（麦芽の殻の層）もフィルターの役目を果たす。

資化性（105頁参照）には炭素が結合してできた環の数によって段階があり、1→グルコース、2→マルトース（麦芽糖）、3→マルトトリオースとあり、1、2、3の順に酵母はよく食べる。4以上になると、酵母はほぼ食べないので、ビール中に残り、甘みやボディになる。

③ 煮沸

「煮沸釜」（kettle）で煮詰める。煮沸の目的は、1→煮詰めることで必要な糖度にまで上げる。2→殺菌する。3→ホップα酸（苦み）のイソ化（イソメライゼーション。構造を変化させて苦味を出す）。4→SMM（エスメチルメチオニン）などの物質を揮発させる。多く残ると、後でDMS（ジメチルスルフィド）となり、臭みが出てしまう。5→タンパク質を熱凝固させて、透明感を出し、不要なタンパク質を除く。また、ここで最初のホップを加える。

④ ワールプール（沈殿槽）

渦を巻かせて、ホップのカスやホットトループ（主に熱凝固したタンパク質）を底の中心に集めて透明な麦汁だけ取り出す。ごみ取り作業だ。この段階でも香り付けに更にホップを加えることもある。

以上の①〜④のすべてが別になっているシステムが４釜式だ。旧神久工場は①と②で１釜、③と④で１釜の２釜式だが、新下野工場はそれぞれが独立した４釜式というわけだ（182頁参照）。つまり、新工場では２倍の速度だ。

⑤ 麦汁冷却

麦汁冷却装置によって、約100度から一気に、上面発酵は15〜26度、下面発酵は８〜13度まで下げる。ここまでで５〜６時間ほどだ（83頁参照）。

⑥ エアレーション

麦汁に空気と純酸素を入れる。酵母は増殖する際に、細胞壁の生成に酸素を必要とするためだ。

⑦ 発酵熟成

「発酵槽」（fermenter）で酵母を加えて発酵させる。酵母によるが、３日から１週間ほど。酵母が麦芽の糖分を食べて、アルコールをつくり、香りや二酸化炭素を出す。主発酵が終った後はすぐに温度を下げず、ダイアセチルを酵母に食べてもらう。これをダイアセチルレストという。酵母の食べないα-アセト乳酸を、ダイアセチル（バタースコッチのにおいがする）にして酵母に食べてもらうのだ。この段階で若ビールができる。飲めなくはないが、文字通り若い。２度まで下げて、３週間ほど熟成させてようやく落ち着いたビールが完成する。
酵母を取り除く濾過をここでする場合もあり、アメリカでは遠心分離器で行うところもある。角屋では、自然沈降させて取り出す。

⑧ ビン詰め

充塡機（filler）で、できる限り空気を巻き込まないようにビンに詰める。そうでないとビールが酸化してしまう。「T2N」（トランス－２－ノネナール）などが代表的な酸化生成物だ。

II ビールの種類

まず、クラフトビールといっても、ホップの種類や発酵の方法で味や香りはさまざま。「スタイル」と呼ばれるビールの種類は115もある（83頁参照）。サブスタイルも含めるとその数は175にもなる。代表的なスタイルと愉しみ方を知れば、ビールをもっとおいしく飲めるはず。以下簡単にあげておく。

【ピルスナー】

多くの日本人に最も馴染みがあるのがこれ。金色でさわやかな味わい。ビールに使われている酵母は大きく分けてラガー酵母とエール酵母だが、ピルスナーはラガー酵母を使っていて、すっきりしたのどごしが特徴。ラガービールの典型で世界のビールの７割を占める。1842年にチェコで「ボヘミアンピルスナー」として発祥し、ドイツでつくられた「ジャーマンピルスナー」が世界中に広まった。

【ペールエール】

18世紀にイギリスで生まれた琥珀色のビール。麦芽によるフルーティーな香りが特徴。ナッツのような甘みとホップの苦みが調和している。ビール造りに使ったトレント川の水に含まれるミネラルが麦芽の甘みとホップの苦みを引き出した。透き通った琥珀色も水の成分によるものといわれ、これ以降、人工的に水の硬度を変える技術が開発された。毎晩、気軽に飲めるビールと言えばこれかもしれない。

【IPA（インディア・ペールエール）】

アメリカで最も人気のあるビール。19世紀に入ったころ、イギリスでペ

ールエールから発展的に誕生したと言われている。植民地だったインドにペールエールを輸出する際に、麦芽を通常の1.5倍、ホップを4倍使って、アルコール度数を高め、腐敗を防止した。これがIPAと呼ばれるようになった。苦いけれどもその苦みがくせになる。「より苦みがあるIPA」や、「飲みやすくしたIPA」など多くのビアスタイルが派生している。

【ヴァイツェン】
ドイツ南部のバイエルン地方で生まれた白ビール。14世紀から続き、歴史は古い。小麦を使うことで、大麦にない泡立ちの良さを実現している。バナナのような甘い香りが特徴だが果物など副原料は使わず、酵母の働きだけによるもの。苦みがなくまろやかな味わいで非常に飲みやすい。酵母の素晴らしさをひときわ堪能できるビールでもある。

【セゾンビール】
ベルギー南部のワロン地方発祥。19世紀に生まれた。夏の農作業の水分補給用につくられたという変わり種のビール。農家が労働者を雇うときにセゾンビールの提供量（1日に飲める量）が条件として提示されていたともいわれる。冬の農閑期に仕込み夏まで保存するために防腐剤として大量のホップを使っており、ピリッとした味わいと麦芽によるクリーミーなコクが特徴だ。現在は通年でつくられている。

【ポーター／スタウト】
1700年代初頭にロンドンで生まれた黒ビール。冷蔵技術が未発達だった時代に、傷みやすいビールをブレンドして樽詰めにしたのが名前の由来といわれ、焙煎した麦の香りや味わいが特徴だ。ポーターの味わいを強調したスタイルに、アイルランドで生まれたスタウトがある。焙煎した麦芽を使うポーターに対して、スタウトは麦芽化していない焙煎した大麦を使うが、醸造家の間でも両者の線引きは曖昧だ。スタウトの普及でポーターは1970年代には絶滅の危機に瀕していたが、米国の醸造家が復刻させたことで、発祥の地のイギリスでも再評価され、息を吹き返した。

III 飲むならここへ

角屋のビールを中心に、安心して飲めるレストランやバーを紹介しておこう。足を運んだ場所に限ったので数は少ないがご容赦いただきたい。名前と特徴だけまとめておいた。とはいえ、クラフトビールの愉しさは何といってもそのバラエティーの豊かさ。多くのクラフトビールを愉しんでいただくべく、タップの場合次々とビールを入れ替えていくことが多いため、角屋がつながっていないこともある。ほか変更もありうるので、HP などご確認の上お出かけを。

＜首都圏＞

◇ iBEER LE SUN PALM　アイビアー・ルサンパーム（渋谷、新宿、二子玉川、川崎）

カフェに行くような感覚でクラフトビールが愉しめるビアカフェ。渋谷ヒカリエ・新宿ミロード・二子玉川ライズ・アトレ川崎に店舗がある。おしゃれな店の作りで女性客が多い。飲みやすいものも多く様々なクラフトビールが愉しめる。過去に何度も伊勢角屋麦酒のオリジナルビールを提供してきた。タップ・マルシェもあり。

◇クラフトビアバル　IBREW 銀座（銀座）

銀座にありながら安く飲め、回転が良いのでフレッシュなビールが愉しめる。都内屈指47のタップ数で、ハーフパイント390円、パイント690円（ともに税抜き）とお手頃価格。パイントは国内最安値かもしれない。広めの１号店と、そこから歩いて数十秒の２号店がある。角屋の「ペールエール」が常設。限定醸造ものは必ずタップがつながる。

◇クラフトビアマーケット　虎ノ門（虎ノ門）

虎ノ門駅から徒歩数分、30種のビールが均一価格で愉しめ、料理も豊富なのでいつ足を運んでもにぎわっている。ランチが人気で平日は近隣の

勤め人でいっぱいだ。ほかに、神保町、淡路町、三越前、吉祥寺、仙台国分町、大手町、神田、ルクア大阪、中目黒にも店舗あり。

◇ジ・オールゲイト（渋谷）
渋谷のど真ん中にあり、客の８割が海外から。角屋の「ペールエール」はタップに常設、ほか厳選されたビールが揃う、ブリティッシュパブを体感するならここ。フィッシュアンドチップスはいつも注文する。

◇プラチナフィッシュビアバル（新橋、川崎）
新橋とアトレ川崎に店舗あり。川崎の店の前にはボトルショップがあり、気に入ったビールがあると目の前でボトルを買える。いろいろな愉しみ方のできる店舗だ。

◇タミルズ品川（品川、大手町、池袋）
品川駅構内にあるカフェレストランで、コーヒーとクラフトビールの充実ぶりが特徴だ。食事も豊富で、中でもバーガーは秀逸だと思う。角屋の「ペールエール」常設店舗だ。ほかに大手町、池袋にも店舗がある。

◇ Beer Pub SCENT（目黒）
伊勢角リアルエール唯一の常設店舗。毎週色々なリアルエールが愉しめます。

◇麦酒倶楽部 POPEYE（両国）
クラフトビアファンなら知らないものは居ない業界屈指の老舗。圧倒的な100というタップ数とスタッフのビールに対する知識が素晴らしい。工夫を凝らしたランチは１コイン（税込500円）で食べられる。

◇ Marunouchi Happ（丸の内）
角屋とのコラボビールが常設。オリジナル小麦のトーストや各種ラペ、ランチではカレーなど手軽に食べられる。丸の内仲通りの10坪の明るいお店だ。

◇宮澤商店（門前仲町）

国産樽生ビール専門の店で、オーナーは注ぎ方にもこだわってくれる。伊勢角も頻度良くつながります。マッシュポテト、ベーコンがおいしい。

◇ Una casa de G.b. G.b. El Nubichinom（横浜・桜木町）

ウナ・カサ・デ・グビグビ・エル・ヌビチノと読む。店名は「エル・ヌビチノ」。６タップあり、ビアジャッジ、加治正慶氏のお店です。野毛、都橋商店街の小さなお店で、10人入れるかどうか。いつもこだわりの国産クラフトをラインナップし、グラスはチューリップグラスのみ。ビールリストには開栓からの日数も書かれており、状態の違いを愉しむこともできる。

＜関西＞

◇ BEER PUB TAKUMIYA（京都・烏丸御池）

ブルーの明るい店構えで、非常に居心地の良いお店。クラフトビールについては、３種類のサイズで、国内300以上もあるメーカーから日々厳選し、提供するという入り口の広さだ。京都観光の際に喉が渇いたら。

◇ Craft Beer Works kamikaze（大阪・西区）

おしゃれな創作イタリアンと国内外から選りすぐったクラフトビールが愉しめるお店。

◇ヒビノビア（大阪・堺）

関西の大御所西尾圭司さんが展開する一番新しい店舗。「毎日ビールと暮らす店」をコンセプトに、飲食部門にクラフトビール専門ボトルショップを併設した、新しいスタイルのお店です。

◇ CRAFT BEER BASE（大阪・梅田界隈）

JR 大阪駅付近や近隣に５店舗を展開する。出張で大阪によく出掛ける知人は通い詰めている。本店の BASE は250種類を売るボトルショップでも

ある。オーナーであり、自家醸造も始めたという谷和さんのビール愛に触れるだけでも来店の価値あり。少し前には、掘り出し物のランビックを飲む会もやっていらした。行きたかった！

◇クラフトビアマーケット　ルクア大阪店（大阪・北新地）
関東では人気の「クラフトビアマーケット」の関西地区初出店の店舗。関西では数少ない、限定醸造ビールが必ずつながる店舗だ。30タップ！

＜名古屋＞

◇ Kitchen Lotus（名古屋・千種）
オーナーがフレンチのシェフという、洋食屋さん。元23 Craft Beerz NAGOYA のシェフが独立したお店だ。オーナーシェフだけあって食事がとてもおいしく、しかもお手頃価格だ。

◇ CRAFTBEER KEG NAGOYA（名古屋・栄）
名古屋のビアバーの草分け的存在。13タップあり、国産クラフトならこの店だけで十分かもしれない。ハンドポンプも１本あり。土日祝はランチ営業もあり。

◇7Days Craft Kitchen（名古屋・名古屋駅）
10タップあり（国産２、海外８くらいか）、名古屋では現在一番バリエーションに富んだタップリストを持つ。担当の樋口氏は非常にビールに精通しておられ、最新の、かつ話題性のあるアメリカのブルワリーから定番の国内ブルワリーまで揃える。自然派ワインも飲める。名古屋駅近。

◇ハイドアウェイ 3-3（名古屋・伏見）
ヒルトン名古屋の１Ｆのバーで、角屋の「ペールエール」と「ヒメホワイト」がレギュラーでつながっている。東海エリア最上のクラフトジンとクラフトビールが最高の状態で飲める。

＜三重県内＞

◇ bar BAROCK（四日市）
県内で角屋が飲めるといえば、まずはここ。生樽は１タップのみだが、年中ほぼ角屋専用となっており、リリースするすべてのビールが順につながれる。オーナーの「伊勢角愛」は他を寄せ付けない。

◇ Beer Bar TOBIRA（桑名）
オープン当初から１タップが角屋専用。三重県内では数少ない本格的なビアバーのひとつだ。６タップ＋ボトル（主にベルギー）がある。オーナーの金澤氏は毎回のようにビールの感想を返送ケグ（ビールを入れるステンレス製の樽）に同封してくれるなど、彼女のビールに対する情熱を感じます。

＜伊勢角屋麦酒直営店＞

本文中でも触れたが、よろしければぜひ。ほかのブルワリーでも直営店を出しているところがあるので、いろんな味わいを試してほしい。
◇**八重洲店**　東京駅から徒歩５分、八重洲仲通りにある。何と言っても、タップで13種類の角屋のビールが飲める。三重県の食材を用いた料理も。日祝定休。
◇**内宮前店**　内宮前のおはらい町にある、牡蠣と角屋ビールを愉しめるお店。大人数が座れる店内の利用もお勧めだが、店頭で買って食べ歩く方も多い。無休。
◇**外宮前店**　外宮近くの小さなお店。角屋のボトル購入も可能だが、タップで４種類を提供しているのでスツールに腰かけて一杯ぜひ。無休。

つくり方の醍醐味を知り、好みのスタイルを味わい、すばらしい場を得て、家族や仲間と、時にはひとりでじっくりと、おいしいビールを愉しく飲んでください！